# 職場
# 你的主場

剛叭 著

識破辦公室潛規則，學會精準選擇、談薪晉升，
掌握核心競爭力，打造不被取代的職涯優勢

◎你的價值，取決於你敢不敢爭取！
◎職場生存不只靠能力，還要懂得策略！
◎工作不該只是為了生存，而是讓你發光！

**本書將帶你找到破局的關鍵**
**你準備好突破困境、站穩腳跟了嗎？**

# 目 錄

| | | |
|---|---|---|
| 前言 | | 005 |
| 第一章 | 規劃你的職涯方向 | 009 |
| 第二章 | 克服弱點，提升競爭力 | 035 |
| 第三章 | 職業潛能的探索與開發 | 063 |
| 第四章 | 開創新天地 | 091 |
| 第五章 | 薪水更上一層樓 | 111 |
| 第六章 | 突破職場晉升瓶頸 | 139 |
| 第七章 | 擺脫職涯僵局 | 169 |
| 第八章 | 面對職場壓力挑戰 | 197 |
| 第九章 | 學習是對自己最好的投資 | 225 |
| 第十章 | 善用人脈 | 249 |

目錄

# 前言

在這個競爭激烈、變動迅速的職場環境中,年輕人往往面臨著來自各方的挑戰。辦公室文化的潛規則、人際關係的磨合、工作壓力的增長,這些因素都讓初入職場的年輕人疲於應對。許多人曾懷抱著「畢業三年內進入管理階層」、「五年內賺到第一桶金」的雄心壯志,然而,十年後能真正實現這些目標的卻寥寥無幾。他們開始陷入迷茫,一方面渴望保持個性,一方面又思索著如何適應環境、發揮自身價值。對多數年輕世代而言,不可否認,他們的職涯已進入「成長瓶頸期」。

根據統計,約84%的人在職涯中曾遭遇瓶頸,例如薪資停滯、升遷無望、工作缺乏挑戰等問題。長期而言,唯一的解決方案在於提升個人的就業競爭力,這也是企業評估人才的關鍵標準。職場競爭力主要由以下四大核心要素構成:

### 1. 專業知識與學歷

學歷與主修科系雖然不能決定一個人的未來,但在許多產業仍是企業篩選人才的基本門檻。因此,持續學習、與時俱進,才能讓自己在專業領域中保持優勢。

## 2. 綜合技能與職能發展

職場上，不僅需要專業技能，更需要可轉換的通用能力，例如溝通表達、問題解決、團隊協作、計畫執行及學習適應等能力。這些能力不僅能幫助你更快適應新環境，也能成為轉換跑道時的重要助力。

## 3. 工作經驗與應用能力

企業更重視「經驗」而非「經歷」。曾經參與過某個項目或工作，並不代表你具備了相關的職場競爭力，唯有將過去的經歷轉化為可應用的經驗，才能真正提升你的職場價值。

## 4. 職業素養與態度

工作態度與職場素養是決定長遠發展的關鍵。企業評估員工時，除了能力外，更會關注員工的責任心、主動性、抗壓性以及職場成熟度。這些因素不僅影響一個人的發展潛力，更是決定是否能在組織內部穩健成長的重要指標。

透過這四個層面的自我評估，你可以更清楚地了解自己的職場現狀，並針對未來的職涯規劃進行調整。特別是在遭遇職業瓶頸時，可以利用這四大要素進行自我分析，找出弱點並積極提升，以打造長期就業競爭力，在職場發展中持續前行。

本書將透過實際職場案例，結合年輕世代的成長軌跡與性格特質，深入探討職場中的各種挑戰，涵蓋職涯規劃、個人潛能開發、職業轉換等議題，並解析關於升遷、加薪、職場跳槽等熱門話題。像一位資深的職場導師，幫助你洞察自身優勢、改善不足，培養在職場中脫穎而出的生存智慧，讓你在短時間內打造專業競爭力，開創屬於自己的成功之道。

　　如果你正站在人生的職場轉折點，尋找一部能夠指引方向的實用指南，那麼這本書將是你的職涯成長全書，助你在職場舞台上發光發熱！

前言

# 第一章
# 規劃你的職涯方向

　　年輕世代，往往帶有一絲叛逆與自信，勇於挑戰傳統，也積極追尋自己的夢想。在這個變動快速的時代，他們渴望成功、希望在短時間內創造屬於自己的成就。然而，在競爭激烈的職場環境中，年輕人不僅要面對現實的考驗，也經常受到質疑與期待交錯的目光。因此，在追求事業發展的同時，是否該停下腳步，審視自己的職涯規劃？

## 第一章　規劃你的職涯方向

## 先累積經驗，再尋找定位？

「先累積經驗，再尋找定位」已成為許多年輕人進入職場的策略，特別是在初入職場時，先進入適合的領域工作，學習職場技能，再依興趣與專長調整發展方向。然而，這種方式若沒有妥善規劃，很容易陷入職涯瓶頸，甚至影響長遠發展。

首先，許多剛畢業的年輕人會抱持「先做再說」的心態，先進入某個行業累積經驗，等到找到更適合的機會再轉職。然而，這樣的想法可能會導致職涯發展受限，因為每一次的工作選擇都可能影響未來的發展方向。一家知名企業的人資主管曾透露，他們每年錄取許多應屆畢業生，但不到半年，就有一半以上選擇離職，原因多數是發現工作與期待不符，或是認為未來發展有限。這樣的頻繁跳槽不僅影響履歷的穩定性，也可能讓企業對求職者的職業忠誠度產生疑慮。

此外，缺乏明確的職涯目標，可能讓年輕人陷入「工作只是過渡」的狀態。根據調查，高達六成的畢業生在求職時感到迷惘，原因包括對科系不感興趣、所學與職場需求落差大，或對職涯發展方向不明確。這些因素都可能讓求職者在職場上難以累積專業能力，進而影響未來的發展。

## 先累積經驗，再尋找定位？

　　小宇，25歲，畢業於傳播系。畢業時，他並不確定自己要走哪條路，因此選擇先進入媒體產業，擔任行銷企劃助理。他原本以為這只是短暫的過渡，但一年過後，他發現自己的專業技能成長有限，所學的行銷策略無法實際應用到更具創意的影音內容製作，這讓他開始產生職涯焦慮。當他想轉職時，卻發現履歷已經被「行銷人員」的標籤框住，要進入影音製作產業變得更加困難。最後，他決定報名相關進修課程，透過作品集與專案實作，才成功轉入自己真正感興趣的領域。

　　類似的情況也發生在李文身上。畢業時，他因為不確定未來方向，選擇進入某連鎖企業擔任門市管理助理。他原本以為這只是短期的選擇，未來仍有機會轉換跑道。然而，隨著時間過去，他發現自己的工作模式與個性不適合長時間待在一線服務業，面對大量顧客與營運壓力，他開始思考自己的職涯定位。後來透過內部轉調機會，他轉入企業內部的培訓部門，發現自己更適合從事教育訓練工作，最終在這個領域持續深耕，成為企業內部講師。

　　市場競爭的背後，其實是人才的競爭。如果缺乏清晰的職涯規劃，僅憑短期考量選擇工作，可能會導致後續發展受限。因此，在選擇「先累積經驗，再尋找定位」之前，應謹慎評估以下幾點：

(1) 在求職前,應多方蒐集產業資訊,了解市場對專業技能的需求,並確保自己的選擇符合未來趨勢。
(2) 選擇一份工作時,應思考這份工作是否有助於長遠發展,而非僅以短期薪資或就業壓力為考量。
(3) 無論選擇哪個產業,都應培養通用技能,例如溝通能力、數據分析、問題解決能力等,這些能力將有助於未來的職涯發展。
(4) 不要因為外界壓力而隨意選擇職業,而應該根據自身興趣、專長與職業發展的可能性,做出理性的決定。

　　職場是一場長期競爭,盲目追求短期利益,可能會讓自己陷入職涯困境。「先累積經驗,再尋找定位」雖然可以幫助我們暫時站穩腳步,但若未能搭配良好的規劃,未來可能會面臨更大的職業瓶頸。因此,在踏入職場之前,應審慎思考職業方向,確保每一步都能成為未來成功的基石。

## 方向比速度更重要

俗話說:「女怕嫁錯郎,男怕入錯行。」在職場上,選擇合適的職業就像搭公車,錯過了不急,但若搭錯車,可能會讓你走上一條與理想背道而馳的道路。我們每個人在面對職業選擇時,難免會感到迷惘,稍有不慎,可能就會像搭錯車一樣,進入一個與自身興趣和專長不符的行業,最終陷入瓶頸,甚至影響長遠的發展。

台灣科技產業發展蓬勃,許多年輕人畢業後,選擇進入科技業,希望能夠獲得穩定的薪資與職涯發展。然而,並非所有人都適合這個產業,若沒有清楚評估自身的興趣與適應度,可能會花費多年時間,卻發現自己無法在這個領域取得突破。

以張偉為例,他畢業於資訊管理系,剛出社會時,他因為家人建議,進入一間知名的半導體公司擔任工程師。起初,他對高薪與穩定的職涯發展充滿期待,但隨著時間過去,他發現自己的興趣其實不在技術研發,而是更偏向行銷與業務拓展。三年過去,他的專業能力雖然有所成長,但內心卻愈發迷惘,感覺自己每天的工作毫無熱情,甚至影響到生活品質。最終,他決定轉行到科技行銷領域,雖然面臨薪

## 第一章　規劃你的職涯方向

資下降與從零開始的挑戰，但他卻感受到前所未有的成就感，並在短短兩年內成為公司最具潛力的行銷經理。

然而，並非每個人都能像張偉一樣及時覺醒，轉換跑道。林欣原本就讀時尚設計，畢業後，她因為一時的薪資考量，選擇進入電子業擔任採購，雖然薪水不錯，但她始終覺得自己無法適應這份工作，對產品零件的談判與報價毫無興趣。她曾嘗試自行創業，回到自己熱愛的服裝產業，但因為沒有足夠的商業經驗，半年後便結束了事業，甚至還因此欠下一筆債務。經過多次轉換工作，她發現自己對任何工作都提不起勁，最終連最擅長的服裝設計技能也逐漸生疏，想重返這個產業卻已經變得困難重重。

事實上，許多人進入職場後才發現，當初選擇的行業並不適合自己，然而，隨著時間推移，轉行的難度越來越高，甚至影響到心理狀態。研究顯示，超過六成的上班族曾有過「職涯選擇錯誤」的經驗，而其中高達八成的人認為，這種選擇錯誤讓他們的職業發展受到限制，甚至影響生活品質。

但相對地，也有許多人在適合的工作中發揮專長，逐步累積實力，開創自己的職場優勢。王珮雯畢業於行政管理系，進入一家大型企業擔任秘書，雖然這份工作看似平凡，但她卻以極高的專業素養和細心態度，獲得歷任主管的信任。在短短四年內，她不僅協助公司完成多項大型專案，更

因為熟悉公司運作，被提拔為人資部經理，進入決策層，開啟全新的職涯發展。當同事詢問她成功的關鍵時，她只是微笑著說：「我只是選擇了自己擅長且喜歡的工作，並且全力以赴。」

根據一項針對退休族群的調查，當問及「回顧人生最大的遺憾是什麼？」時，高達90％的人表示，他們最遺憾的不是沒有賺到足夠的錢，而是當初選錯了職業。這項數據凸顯了一個關鍵點：選對行業，比單純追求高薪更重要。

統計顯示，在選錯職業的人當中，有超過80％的人事業發展不如預期，甚至因為不適應工作而頻繁換職，導致職涯停滯不前。這些人並非不努力，而是因為選擇的道路與自身的興趣和專長不符，無論再怎麼努力，最終仍難以突破瓶頸。即便他們比別人更勤奮，職場發展仍受限，導致成就感低落，甚至影響心理健康。

真正的好工作，並不單純指高薪、時髦的行業，而是能夠符合你的個性、專長，並讓你感到投入與成就感的職業。因為再好的外在條件，若不符合個人特質，最終也無法長久維持。選錯行業就像搭錯車，不僅會影響你的職涯發展，更可能帶來無法逆轉的瓶頸與困境。因此，在選擇職業時，年輕世代應該更謹慎思考，確保自己踏上的，是一條真正適合自己、能夠發展長遠的道路。

## 第一章　規劃你的職涯方向

## 找對你的職涯跑道

人的雙眼能看到世界萬象，卻往往難以看清自己。我們總能指出別人的錯誤，卻難以察覺自身的缺陷；能批評別人的短視，卻對自己的選擇猶豫不決；能看見別人的困境，卻忽略自己的迷失。

在職場上，最重要的不是盲目跟隨潮流，而是深入了解自己，找到真正適合的發展方向。唯有看清自己的跑道，才能突破瓶頸，走向成功。

希臘阿波羅神殿上刻著一句流傳千年的箴言：「人啊，認識你自己！」這句話不僅是哲學思考的基礎，也適用於職場發展。許多優秀的人才，並非天生就知道自己的專長，而是在不斷嘗試與調整的過程中，發現自己的優勢，並找到最適合的跑道。

許多人因為一開始選錯行業，導致發展受阻，但當他們重新評估自身優勢並調整方向後，反而在新的領域中獲得更大的成就。

一個人的成功，往往取決於是否能夠認清自己的特質與長處，找到適合自己的領域。職場上，每個人都有獨特的

優勢，也有不適應的領域。如果無法正視自己的特質，強行進入一個不適合的行業，終究會事倍功半，甚至陷入職涯困境。

1952 年，以色列政府曾邀請愛因斯坦擔任該國總統。以他的國際聲望與智慧，許多人認為這將是莫大的榮耀。然而，愛因斯坦毫不猶豫地拒絕了這項邀請，他說：「關於自然，我了解一點；關於人，我幾乎一無所知。我只會做一個科學家，不懂如何做一個總統。」這個決定，讓愛因斯坦繼續專注於科學研究，最終成為影響人類歷史的重要人物。

選擇職涯時，最重要的不是外在的榮耀與誘惑，而是清楚自己的專長與適合的跑道。即使是像愛因斯坦這樣的天才，也深知自己在政治領域並不適合，何況是我們呢？

職場上，成功的關鍵不在於盲目追逐高薪或熱門產業，而是找出最適合自己發展的道路。許多人因為選錯職業而陷入瓶頸，即使再努力，仍難以突破現狀。相反地，當一個人找到最能發揮自身優勢的領域，不僅能夠全心投入，還能在工作中獲得真正的成就感與快樂。

因此，在職涯選擇時，與其問「哪個行業比較賺錢」，不如先問問自己：「我在哪個領域能發揮最大的潛力？」唯有找到屬於自己的跑道，才能走得更穩、更遠，在職場上真正發光發熱。

## 第一章　規劃你的職涯方向

## 選擇合適的公司及領導者

我們無法選擇自己的出身，但我們可以選擇跟隨什麼樣的人、進入什麼樣的公司。選對了，職場發展將如魚得水；選錯了，則可能吃盡苦頭。因此，年輕人在踏入職場後，選擇一間好公司、跟隨一位值得學習的領導者，顯得格外重要。

在選擇第一份工作時，應盡量爭取進入優秀的企業。這個過程或許不容易，但如果能把握住這個機會，將會收穫難以估量的好處。

人們常說「名校出身是優勢」，但更少人知道，其實「名公司出身」往往比名校背景更具優勢。翻開許多成功人士的履歷，幾乎每個人都曾在知名企業中歷練。這些企業不僅為員工提供了穩定的薪資，更讓他們獲得自信與專業成長。

以台灣積體電路製造公司（TSMC）為例，這家全球知名的半導體企業，除了擁有最尖端的技術，其嚴格的選才標準也成為業界的標竿。每位能進入 TSMC 的人，都是經過層層篩選的優秀人才。進入這樣的企業，不僅代表個人能力受到肯定，還能在高度競爭的環境中快速成長，並習得一流的專業技能。

優質企業就像一所優秀的商學院，能讓人快速吸收業界最前沿的知識與技巧。例如，在可口可樂，你將學到最具創意的行銷策略；在台灣大哥大，你能體會什麼是精準的顧客服務；在誠品書店，你將學會如何將文化與商業完美結合。這些經驗將成為你未來職涯中最寶貴的資產。

雖然知名企業未必提供最高的薪水，但這段經歷會讓你受益匪淺。當你日後規劃職涯時，便能體會到這些經驗對你成長的重要性。

除了選擇好公司，找到一位值得學習的上司同樣重要。優秀的領導者不僅能在工作中給予指導，更能在人生觀、行為模式上帶來正向影響。當上司獲得升遷機會時，作為得力部屬的你也往往能因此受惠，獲得更多的晉升機會。

例如，某知名電商公司的執行長李建弘，當年在一間知名行銷公司擔任主管。後來，他跳槽至新創公司，並帶著原本團隊的核心成員一起加入，這群人憑藉過往的團隊默契，迅速在市場上取得佳績。團隊成員因跟隨一位有遠見的領導者，不僅業績突出，個人也獲得更高的發展機會。

相反地，若不幸遇到不適任的上司，職場之路將舉步維艱。這類上司往往會將部屬的成功視為自己的功勞，卻在業績不佳時推卸責任；他們無法帶領團隊成長，甚至會刻意壓制下屬的發展。長期處於這樣的環境，不僅無法發揮專業能

## 第一章　規劃你的職涯方向

力，還可能讓職場前途陷入停滯。

選擇一間好公司，跟隨一位優秀的上司後，如何定位自己的角色，將決定你在職場上的發展。

一位成功的職場人，應像「放大鏡」一樣，將公司的目標與自身的價值集中在最具成效的方向。試想，陽光雖然普照大地，但若沒有透過放大鏡的聚焦，無法點燃一張紙。相反地，若只像「大氣層」一樣，將熱量散播得四處分散，最終只會失去影響力。

在企業內部，找到適合自己的位置尤為重要。你需要像一名駕駛員，始終專注於目標，確保團隊朝正確方向前行。若能發揮領導力，讓自己與團隊的目標緊密結合，你將成為公司中最具價值的存在。

1933 年 7 月，松下電器創辦人松下幸之助決定投資開發小型馬達，因為他看準未來家電市場的成長趨勢。當時，松下選擇了一名優秀的工程師中尾擔任研發部主管。

一天，松下幸之助看到中尾埋頭研究奇異公司的一款小馬達，雖然中尾相當專注，松下卻嚴肅地指責了他：「身為研究部主管，你的職責不是親自埋頭苦幹，而是打造更多優秀的研發人才。只有讓 10 個、100 個像你一樣優秀的人才共同努力，松下電器才能真正成為大企業。」

優秀的公司不僅專注於產品發展，也重視員工的成長與培養。進入這樣的公司，年輕人能夠更快找到自身的定位，並將自己的能力發揮至最大。

好的企業，不僅能提供穩定的職場環境，更能為你的職涯發展奠定扎實的基礎。如果你是職場新人，選擇一間好公司，將為你的專業成長帶來難以取代的影響；如果你已是專業經理人，選擇正確的公司，則能為你的發展帶來更大的成就。

即使未來有創業的打算，在優秀的公司中歷練一段時間，對你的創業之路也將大有幫助。因為在一間好的公司，你不僅能學到產業的運作模式，更能培養領導團隊的能力，這將成為你日後成功的關鍵。

無論在何時，選好公司、跟對人，都是決定職場成敗的重要關鍵。這不僅影響你的工作效率，更關係到你的事業高度。選擇正確的公司與領導者，將為你的職場發展鋪下成功的道路。

## 第一章　規劃你的職涯方向

## 確立職涯方向

　　人生短暫，而在職場中的時間更是有限。從踏入職場到退休，僅有短短二三十年的時間，這期間沒有多少空間可以浪費，也沒有多少時間可以迷失方向。因此，如何規劃職業生涯，避免職場瓶頸，成為每個人都應該慎重思考的課題。

　　許多探險家在進入沙漠之前，都會詳細規劃旅程，準備目的地的地圖，確定綠洲的位置，瞭解沙漠的氣候變化，確保水源與食物的充足，並計算駱駝的負荷能力，甚至為可能發生的突發狀況預先擬定應變計畫。正因為有了這些周詳的準備，他們才能避免在荒涼的沙漠中迷失，確保自己能夠平安抵達目的地。

　　職場發展與沙漠探險相似，只有擬定好職涯規劃，才能確保自己走在正確的方向上，不至於在職業道路上迷失自我，錯失發展的機會。

　　剛畢業的年輕人往往充滿自信，認為未來充滿無限可能，準備在職場上一展抱負。然而，當真正面對求職時，他們才發現現實並非想像中那般簡單。這時候，職業生涯就像一幅空白的畫布，如何落下第一筆，將決定整體畫面的發展方向。畫家在創作時，先描哪一筆、後畫哪一筆至關重要，

## 確立職涯方向

同樣地，個人的職涯發展，第一步該如何選擇，也將影響未來的職場走向。

從尋找第一份工作開始，到累積經驗，再到逐步建立個人事業，每個人都會經歷不同的職涯階段。而不同階段的職場需求與挑戰也不盡相同，因此，我們必須具備長遠的規劃思維，以確保自身的成長方向符合未來發展的需求。

20世紀的一項重要發現是，人類的思想能夠影響行動，進而決定最終的成就。如果我們對人生有清晰的規劃，便會竭盡所能地朝著這個方向努力，將所有的行動、情感、個性與能力都調整到符合目標的狀態。我們會努力克服阻礙目標實現的困難，也會積極強化能夠助力我們成功的各種因素。

相反地，若一個人沒有對未來做任何規劃，沒有明確的職業目標，就容易陷入職場迷惘。即使擁有成功的欲望，也因缺乏行動計畫而無從著手，最後只能東奔西闖，始終無法達成真正的成就。尤其當遭遇挫折時，沒有目標的人往往容易放棄，最終讓自己的發展停滯不前，甚至陷入職業瓶頸。

因此，每個人都應該為自己進行職涯定位，明確未來的發展方向，並透過規劃來強化自身的潛能，使自己具備應對挑戰的能力。

湯瑪斯‧華生（Thomas J. Watson）原本只是一家小型工廠的經理，但他不滿足於現狀，而是懷抱著建立「國際商用

## 第一章　規劃你的職涯方向

機器公司」（IBM）的願景。為了達成這個目標，他制定了詳細的計畫，並按照計畫逐步推進。經過多年努力，他成功將IBM打造為全球頂尖的科技企業，成為商業界的傳奇人物。

當有人問他：「從什麼時候開始把建立IBM作為目標？」華生的回答是：「從一開始。」這句話點出了成功的關鍵——夢想需要具體的規劃，才能夠實現。

職涯規劃就像一張個人專屬的地圖，能夠清楚指引方向，告訴我們目前身處何處，未來該朝哪個方向前進，以及如何達成最終的目標。許多人忽視了職業生涯規劃的重要性，甚至對這個概念毫無認知。然而，在現代社會中，缺乏明確目標的人，往往難以在職場中取得長遠的成就。

在過去，許多人對職涯發展抱持隨遇而安的態度，只求有一份工作，能夠維持生計便感到滿足。然而，如今的時代不同，每個人都應該根據自己的興趣、能力與目標，認真規劃未來的發展，否則將會在競爭激烈的環境中失去優勢。

美國專利律師史都德‧奧斯丁‧威爾（Stuart Austin Wier），原本只是一名以投稿雜誌賺取稿費的記者，生活困苦。但有一次，他在撰寫一篇發明家故事時，深受啟發，決定改變自己的職涯方向。他放棄記者工作，進入法學院攻讀專利法，準備成為專利律師。當時，許多認識他的人對此決定感到不可思議，甚至認為他過於冒險。然而，他早已為自

己訂定了清晰的職業計畫,並按照計畫執行。在短短幾年內,他不僅完成學業,還成功建立了自己的律師事務所,最終成為全美知名的專利律師,即使收費高昂,依然有無數客戶指定找他處理專利案件。

這個故事說明了,當一個人為自己訂定明確的職涯規劃,並且持之以恆地執行時,即便過程中面臨質疑與困難,也終將能夠走向成功。

人的一生與工作密不可分,但在不同的階段,職業目標與發展方向可能會有所改變。因此,每位年輕人進入職場時,都應該先衡量自己的能力與興趣,思考自己真正想要追求的目標,並擬定適合自己的職業發展計畫。

唯有具備明確的方向,才能避免因迷失而導致的職場瓶頸。在職業生涯中,清晰的規劃將成為引領成功的指南針,讓我們在充滿挑戰的環境中,依舊能夠穩步前行,逐步實現自己的理想與抱負。

### 第一章　規劃你的職涯方向

## 以興趣為職業導向

在職業發展的過程中，選擇一份自己感興趣且擅長的工作，對年輕人而言至關重要。當你的工作與興趣相符，不僅能夠帶來成就感與快樂，還能激發無限的創造力，使職場發展更加順遂，減少職涯瓶頸的可能性。

研究顯示，當人們從事不喜歡的工作時，往往會感到壓力與倦怠，甚至產生身心不適的反應。例如，在面對令人厭倦的任務時，可能會出現頭痛、胃痛，甚至注意力無法集中等狀況。這是因為人類的生理與心理會自然地排斥自己不感興趣的事物，導致效率下降，影響職場表現；相反，當人們投入自己真正喜愛的領域時，思維會變得更加活躍，專注力與創造力也會同步提升，甚至在夢境中仍能不斷思考相關問題，尋求解決方案。因此，在職涯初期，選擇適合自己的方向，避免誤入不適合的行業，是影響未來發展的關鍵。

林欣是一名對語言與文化充滿熱情的大學生，畢業後卻因家人期望，進入金融業擔任分析師。儘管她努力適應，但始終無法在這個領域中找到成就感，日復一日的數據分析讓她感到乏味與倦怠。兩年後，她毅然決定轉換跑道，回到自己真正熱愛的翻譯與編輯領域，並持續進修相關專業。轉行

之後，她的工作不僅帶來了更多滿足感，業績與表現也獲得主管的肯定。

這個案例顯示，如果一開始就能選擇符合自身興趣的職業，就能減少不必要的時間浪費與挫折。然而，許多人在職場初期，往往因為薪資、趨勢或外在壓力而選擇自己並不真正熱愛的工作，最終只能在迷惘中徘徊，甚至錯過真正適合自己的發展機會。

許多人選擇職業時，習慣以市場熱門趨勢作為主要考量，然而，職業的成功與否，並不僅取決於行業是否賺錢，而是個人是否擁有持續發展的熱情與能力。例如，當年因為偶像劇風潮，許多年輕人湧入影視產業，希望成為演員或幕後工作者，但並非所有人都能適應這個競爭激烈的領域，結果最終只有少數人能夠堅持下來，大多數人則在幾年內選擇離開。

同樣的道理，也適用於其他職業。若只是單純跟隨潮流，卻忽略自身興趣與專長，最終可能陷入瓶頸，甚至錯過原本更適合自己的道路。因此，選擇職業時，應該優先考量自己的興趣與長處，而非僅僅關注市場熱門程度，因為真正能夠長久投入並有所成就的，往往是自己真正熱愛的事業。

職場上，那些擁有卓越成就的人，往往是因為他們熱愛自己的工作，才能夠不斷精進，發展出專業競爭力。俗話

## 第一章　規劃你的職涯方向

說：「興趣是最好的老師。」當一個人對工作充滿熱情時，便會主動投入更多時間與心力，無論遇到多少挑戰，都能夠積極應對，從中學習與成長。

費爾曾經在家族的洗衣店工作，父親希望他能夠繼承事業，但他對洗衣業完全不感興趣，工作時總是提不起勁，表現平平。後來，他決定勇敢追求自己的夢想，轉入航空業，從基層機械工開始做起。由於他對飛機維修充滿熱情，不僅主動進修相關課程，還積極參與專案研究，最終成為航空公司技術部門的主管，甚至在二戰期間參與轟炸機的研發工作，為航空科技發展做出貢獻。

如果費爾當初選擇妥協，繼續待在洗衣業，他可能永遠無法發揮自己的潛力，也無法獲得真正的成就感。因此，當面臨職涯選擇時，應該思考：什麼樣的工作能讓自己願意全力以赴？在哪個領域，我能夠發揮最大的價值？這樣的選擇，才是長遠發展的關鍵。

若想避免誤入錯誤的職業方向，應先分析自身的興趣與特長。可以回顧童年時期，自己最喜歡做的事情是什麼？哪些活動會讓自己感到充滿成就感？這些線索可能正是你適合發展的領域。此外，嘗試從事與興趣相關的兼職、專案或實習，也能幫助確認自己是否真正適合某個職業。

王立從小對料理充滿熱情，經常在家嘗試新菜色，長大

後，他決定進入餐飲業，並在法國知名餐廳學習。儘管一開始面臨許多挑戰，但因為熱愛料理，他不僅努力學習，還在一次偶然的創意甜點比賽中獲得大獎，最終成為知名甜點師，甚至受邀擔任國際烹飪比賽的評審。這樣的成功，不僅來自於專業技術，更來自於他對料理的熱愛與投入。

在職場上，選擇自己真正感興趣的工作，不僅能讓你保持持續學習的動力，也能讓你在競爭激烈的環境中脫穎而出。那些在職涯中擁有卓越成就的人，往往都是因為他們熱愛自己的工作，願意投入時間與努力，才能不斷進步與成長。

因此，在選擇職業時，不要只關注短期的薪資或市場趨勢，而是應該深入思考：這份工作是否能讓我真正投入？是否能帶來長久的成就感？唯有當職業與興趣相符，才能在職場中發揮最大潛力，避免職涯瓶頸，開啟屬於自己的成功之路。

第一章　規劃你的職涯方向

## 設立職涯目標

對許多人而言，實現目標就像參加一場競賽，唯有全力以赴，才能抵達終點。目標決定了我們的前進方向，也塑造了未來的寬廣度與可能性。擁有明確的職涯目標，不僅能幫助我們在競爭激烈的職場中突圍，還能讓我們在發展過程中擁有更強的動力與信念。

有一位年輕人，從少年時期便為自己訂下了一系列人生計畫。他在一張名為「一生志願清單」的紙上寫下：「探索亞馬遜雨林，攀登百岳；學會駕駛飛機與帆船；深入研究經典文學與哲學；撰寫一本書；環遊世界⋯⋯」這張清單上總共有 127 個目標。對於多數人來說，這或許只是年少時的幻想，然而，這位年輕人始終堅持朝著自己的清單努力，到了 59 歲時，他已經完成其中 106 個目標。為了實現這些夢想，他歷經無數挑戰，甚至曾 19 次與死亡擦肩而過。然而，他回顧這段旅程時，並沒有懊悔，而是感激自己曾為夢想奮鬥過，並從中學會珍惜生命。

這個故事告訴我們，成功的道路是由清晰的目標鋪就的。當我們有明確的方向時，內心會產生強烈的驅動力，使我們不斷前進。相反地，若沒有明確的目標，便容易在職場

中迷失方向，最終碌碌無為地度過一生。

心理學曾做過一項有趣的實驗，研究人類如何適應環境的限制。一條具有強烈攻擊性的魚被放入水缸中，與另一條魚之間隔著一道透明玻璃。起初，這條攻擊性魚不斷撞擊玻璃，試圖捕食另一條魚，但在多次嘗試後，它開始放棄，最終選擇不再靠近。當研究人員移除玻璃板後，這兩條魚依舊維持著各自的活動範圍，彼此毫無交集。

這項實驗顯示，一旦人們習慣了「看不見的限制」，便會失去突破的勇氣。同樣地，在職場中，如果我們將目標設定得過於狹隘，或因為過去的挫折而選擇放棄挑戰，未來的發展將會受限，甚至讓我們停滯不前。成功學專家曾說：「當你渴望擁有最美好的事物時，必須讓自己成為最優秀的人，唯有設立遠大的目標，才能驅動自己不斷向前。」

許多業界頂尖人士，都曾透過具體的目標設定，改變自己的人生軌跡。有位知名銷售專家，在年輕時一無所有，但他夢想擁有一輛高級跑車。為了讓自己隨時保持動力，他將自己的照片貼在豪車的海報旁，每天提醒自己努力工作，增加業績。幾年後，他不僅成功購車，更成為業界的銷售傳奇。

類似的例子還有著名的配樂大師漢斯・季默（Hans Zimmer）。年輕時，他對音樂充滿熱情，卻因家境不佳，無法負

## 第一章　規劃你的職涯方向

擔昂貴的樂器。他不因此氣餒,反而自己動手製作紙鍵盤,靠著觀察與模仿來學習作曲。當他開始正式進入音樂產業後,更是全心投入,經常為了創作廢寢忘食。有一次,他在廚房邊煮麵邊構思曲目,結果竟然讓麵條燒焦,妻子為了懲罰他,要求他把焦掉的麵湯全部喝掉。即便如此,他依然沉浸在音樂創作的世界裡,終於在 37 歲時,以電影《獅子王》(*The Lion King*)的配樂榮獲奧斯卡最佳原創音樂獎,成為全球知名的音樂人。

這些故事證明,當一個人擁有清晰的目標,並且願意為之努力時,即便過程中充滿挑戰,最終仍能達成理想。

在職場上,有些人沒有明確的職業規劃,只是日復一日地完成工作,從未思考自己的發展方向。他們缺乏前進的動力,無法為自己創造突破的契機,當看到身邊的同事獲得升遷或加薪時,只能心生羨慕,卻沒有實際行動。等到公司進行人事調整或裁員時,他們才開始驚覺自己的處境,然而,此時往往已經為時已晚。

正如在大海上航行的船隻,若沒有明確的目的地,只能隨波逐流,最終可能觸礁擱淺。同樣地,職場中若沒有目標,我們將在動盪的環境中迷失方向,最終被時代淘汰。因此,為了在競爭激烈的職場中保持優勢,我們必須為自己設定長遠的發展目標,並且不斷精進自身的能力,以確保未來

的職涯發展順遂。

　　職場就像是一場跳高競賽，唯有設定足夠高的目標，才能讓自己不斷突破極限。如果我們的標準過低，輕易就能達成，便容易陷入安逸，失去成長的機會。然而，若我們勇於挑戰更高的標準，並且不斷提升自己的實力，即便過程中遇到困難，也能透過學習與努力來克服，最終取得卓越的成就。

　　每一位職場人士，都應該為自己訂定長遠的目標，無論是專業技能的精進、職位的晉升，或是創業夢想的實現，都應該有明確的計畫與行動方案。當我們為自己的職業生涯訂下目標，並持之以恆地努力時，無論前方的道路多麼崎嶇，都能夠穩步前進，邁向更成功的未來。

# 第一章 規劃你的職涯方向

# 第二章
# 克服弱點,提升競爭力

　　對於許多剛步入職場的年輕人來說,他們充滿熱情、思維活躍,並具備強烈的自我意識。然而,他們也容易因為個性率直、情緒化或缺乏耐心,而在競爭激烈的工作環境中遭遇挑戰。如何克服自身的性格弱點,學會在職場中保持穩定的表現,是突破職涯瓶頸的重要關鍵。

## 第二章　克服弱點，提升競爭力

## 率直要適度

職場如同一場策略競技，表面上的和諧共處，往往隱藏著利益的較量。在這樣的環境下，過度的率直可能讓人失去應有的優勢，因此學會適時調整自己的言行，將真誠與職場智慧結合，是年輕人邁向成熟的關鍵。

一位知名運動選手，退役後進入體育管理層，卻因為難以適應企業文化，屢次犯下溝通失誤。他在內部會議上頻繁提及過去的輝煌戰績，試圖用「曾經的成功」來指導團隊，但這樣的態度讓新同事感到不適應，認為他缺乏合作精神。此外，他習慣在公眾場合直言不諱，甚至在媒體面前對高層的決策表示不滿，這讓公司管理層對他的專業能力產生質疑，最終導致他的管理生涯並不順遂。

這樣的案例提醒我們，誠實與率真是值得珍惜的特質，但若無法掌握表達的分寸，容易讓人產生誤解。在職場上，真正的成熟在於懂得如何在不同情境下展現適當的態度，而非一味強調個人意見，忽略團隊合作的必要性。

## 學會辨別職場陷阱

　　職場中的競爭不僅來自外部，也來自內部。有時候，過度信任同事，可能會讓自己陷入不必要的風險。

　　小哲是一名剛升上管理職的專案負責人，公司安排了一位資深員工小偉擔任他的副手。起初，兩人合作愉快，小哲甚至將小偉視為自己的職場夥伴。然而，隨著時間推移，小偉開始頻繁向他抱怨公司管理不善，甚至透露自己有意與幾名同事創業，希望小哲能加入。

　　經過幾次討論後，小哲開始動搖，他認為憑藉自己的專業能力與人脈，確實可以在市場上闖出一片天地。就在他準備與小偉討論細節時，公司突然宣布重整團隊，而小哲卻成了唯一被資遣的管理人員。此時，他才驚覺小偉從未真正打算創業，而只是利用這種方式來測試他的忠誠度。

　　這樣的案例說明，在職場上，即使是看似親近的同事，也可能懷有不同的目的。學會觀察他人的動機，避免過度信任未經驗證的資訊，能夠幫助我們在職場中走得更穩健。

## 掌控情緒，展現專業態度

　　職場上的專業形象，來自於我們如何管理自己的情緒。許多人認為，工作中最需要控制的是憤怒與悲傷，但事實

### 第二章　克服弱點，提升競爭力

上,過度的喜悅與興奮也可能影響他人在職場對你的評價。

一位行銷專員阿哲,成功爭取到一筆大型合約,當場激動地跳了起來,甚至在會議上語無倫次地表達自己的喜悅。然而,他卻忽略了當時會議室內的高層主管,對方認為他的反應過於情緒化,甚至擔心他是否能夠應對更大的壓力與挑戰。結果,在日後晉升的機會中,他並未獲得主管的優先考量。

職場上的每一個表現,都會影響個人的專業形象。因此,無論是成功或失敗,學會在公眾場合保持冷靜,展現穩重的態度,才能讓他人對你的能力產生信任。

## 避免辦公室戀情的風險

辦公室戀情在許多企業中都是一條隱形的禁忌,即使公司未明文禁止,這類關係仍可能影響個人職場發展。

佳玲在一家國際公司擔任主管,她與新進員工阿凱逐漸發展出戀愛關係,起初兩人謹慎低調,避免影響工作。但隨著時間推移,公司內部開始出現流言,甚至有人向高層舉報他們的關係影響到決策公平性。最後,為了維持公司的公信力,主管部門要求佳玲與阿凱二擇其一,最終佳玲選擇了辭職,轉往其他企業發展。

在職場中,感情關係可能帶來額外的風險,特別是當兩人之間存在職級差異時,更容易受到質疑。因此,學會區分

私人生活與職業發展，避免將個人情感影響到職涯規劃，是職場中不可忽視的一環。

## 細節決定職場形象

除了大方向的行為準則外，許多小細節也會影響一個人的職場形象，例如著裝、紀律與人際互動。

**穿著得體**：服裝不僅影響個人形象，也反映了對職場文化的理解。例如，一位剛入職的員工，因為在重要會議上穿著過於隨意，結果錯失了與高層主管建立關係的機會。

**謹言慎行**：辦公室的八卦話題，往往是職場中最危險的陷阱。即使是關係最親近的同事，也可能會無意間散播你的言論。因此，避免參與流言蜚語，是職場生存的基本原則。

**誠信與職場操守**：貪小便宜的行為，可能會讓你失去他人的信任。例如，有些人會在公司發放福利時，搶先挑選最好的物品，這種行為可能讓上司對其人格產生質疑，影響未來的發展機會。

克服性格上的弱點，是每個人進入職場後必須學習的重要課題。職場並非單純憑藉能力就能成功，而是需要智慧地處理人際關係，並展現穩重與專業的一面。當我們學會掌控自己的情緒、拿捏率直的分寸、避免職場陷阱，便能夠在競爭激烈的環境中脫穎而出，為自己的職涯鋪設更穩健的道路。

## 避免「不屑」的心態

初入職場的年輕人，往往會發現自己的第一份工作與理想相去甚遠——文學碩士可能從事校對工作，資訊工程背景的人可能只是負責資料輸入，甚至名校畢業的高材生也可能被指派處理跑腿雜務。這樣的情況，無論在哪個國家、哪個產業都屢見不鮮。然而，決定未來發展的，不是這些瑣碎的起點，而是你如何面對這些基礎工作。

許多人剛進職場時，心中充滿壯志雄心，但當工作內容與期待落差太大，便容易產生「不屑」的態度。他們認為：「這種事根本不需要我的才能！」於是開始消極應對，甚至抱怨自己的才能被埋沒。然而，真正能夠脫穎而出的人，不是那些埋怨環境的人，而是懂得在基礎工作中尋找價值、磨練技術，並逐步累積經驗的人。

許多人誤以為簡單的工作不值得投入，但真正的專業精神，往往來自於對細節的極致追求。

以台北市某知名咖啡館的資深咖啡師小湯為例，他剛入行時，負責的只是最基礎的清潔與點單工作。當時，他曾經質疑自己：「難道大學畢業後，我的職涯就只是擦桌子跟端盤子嗎？」然而，他並沒有因此感到挫敗，而是開始觀察每一

## 避免「不屑」的心態

位優秀咖啡師的手法,記錄不同產地咖啡的風味差異,並主動向主管請教咖啡萃取的技術。

這樣的努力,使他在短短兩年內晉升為店內最年輕的咖啡師。後來,他創立了自己的品牌,成為業界知名的咖啡專家。他回憶說:「如果當初我選擇抱怨,而不是專注於學習,或許現在的我仍然在抱怨自己只是個端盤子的服務生。」

這個案例告訴我們,任何看似微不足道的工作,若能用心投入,就能夠從中發掘專業價值,進而開創更寬廣的職涯道路。

職場中的成功,往往來自於對細節的堅持與對工作的敬業態度。

某位物流業的管理主管回憶,他的第一份工作是在倉庫中負責商品的分類與標籤。他的同事大多覺得這份工作單調無聊,但他卻選擇用不同的方式來看待這份職位。他開始研究如何讓貨品擺放更有效率,並提出改善倉儲管理的建議。雖然這些建議最初並未受到重視,但他依舊持續優化自己的流程,並累積足夠的數據來佐證自己的觀察。最終,公司接受了他的建議,不僅提高了倉儲運作效率,也讓他獲得晉升的機會。

他的經歷印證了一個道理:當一個人願意在看似不起眼的職位上發掘改變的契機,就能從平凡中創造不凡。

## 第二章　克服弱點，提升競爭力

　　許多人在職場上會抱怨:「我已經努力很久了，為什麼還沒有好結果？」然而，真正的突破，往往取決於你能夠堅持多久。

　　有句話說:「集腋成裘。」一根狐狸毛微不足道，但當它們累積足夠多，就能夠製成價值不菲的裘皮大衣。然而，許多人在快要成功之前就選擇放棄，導致過去的努力全數歸零。

　　在廣告業界，曾有一位年輕設計師，在剛入行的幾年內，負責的都是極其細微的修圖與排版工作。他一度質疑自己是否永遠只能做這些基礎的工作，但他仍然選擇堅持，每天花額外的時間研究市場趨勢與創意設計技巧。五年後，他終於被提拔為設計總監，負責國際品牌的廣告專案。他回憶說:「當年那些被我視為無聊的任務，其實都是奠定我今日成功的關鍵。」

　　這個故事提醒我們，每一項任務的累積，最終都會成為職涯成功的基石。

　　職場上，沒有所謂「不值得做」的工作，只有「不願意投入」的人。許多成功人士的起點，都是從基礎開始，他們選擇在最平凡的任務中發掘專業價值，並透過累積經驗來提升自己。

　　當我們對現有的工作產生不滿時，應該問問自己:「這份

## 避免「不屑」的心態

工作能帶給我什麼?」如果我們能夠放下「不屑」的心態,學會專注於當下,並不斷提升自己的能力,那麼未來的職場道路,必然會越走越寬廣。

不論起點如何,只要能夠專注於當下,並持續累積經驗,終將能夠在職場上發光發熱。

## 第二章　克服弱點，提升競爭力

## 突破「自我中心」，學會職場合作

　　在討論性格對職場發展的影響時，許多年輕人往往會被貼上一個標籤——「過於自我中心」。這種心態可能源於成長環境的影響，也可能來自對自身能力的高度自信。雖然獨立思考與堅持個人風格是職場中的優勢，但若忽略團隊合作的重要性，反而可能阻礙自身的發展。因此，進入職場後，學會調整自我心態，融入團隊文化，才是長遠成功的關鍵。

　　擁有強烈的「自我中心」傾向的人，習慣以個人角度思考問題，並往往堅持自己的意見，不太願意接受來自團隊或主管的建議。他們可能具備極高的創造力與執行力，但當這種特質與團隊協作產生衝突時，便容易陷入工作困境。

　　佳恩是一名新進的行銷企劃，在進入職場後，她憑藉自己的創意與自信，對工作充滿熱情。然而，她習慣單打獨鬥，常常不與團隊成員協調，便自行設計宣傳策略。當資深同事提醒她應該多與行銷主管確認方向時，她卻覺得這樣會束縛自己的創意，因此選擇忽略建議。結果，她精心策劃的活動方案與公司的品牌策略方向不符，導致企劃被直接駁回，甚至影響了團隊進度。

　　這樣的案例告訴我們，個人的創意固然重要，但若缺乏

與團隊的有效溝通與協作，工作成果便難以達到理想狀態。職場不是個人英雄主義的舞台，而是一個強調合作的環境，唯有懂得適應團隊文化，才能真正發揮自身價值。

改善「自我中心」的傾向，最關鍵的一步便是學會自我反思，並從不同角度審視問題。這不僅能幫助我們修正自身的不足，也能在與他人合作時更加得心應手。

有些人習慣將問題歸咎於他人，而非檢討自己的行為是否需要調整。例如，當專案遇到困難時，若我們總是責怪團隊成員不夠努力、主管不夠理解，卻從未思考自己是否有溝通不良或策略不足的問題，那麼問題永遠不會得到真正的解決。

曾有位企業顧問在一場講座中提到：「想要改變世界，先從改變自己開始。」這句話深刻揭示了職場生存的智慧──當我們願意先從自身做出調整，世界也會隨之改變。

許多人誤以為，職場的成功來自於個人能力的突出，但實際上，真正決定一個人能否長久發展的，往往是他與團隊協作的能力。

以科技業為例，許多工程師在學術時期可能習慣獨立完成專案，但當他們進入企業後，便發現成功的產品開發並非單靠個人能耐，而是來自整個團隊的共同努力。能夠有效整合團隊資源，與不同部門進行溝通協作的人，通常能更快獲

得晉升與機會。

一名曾任職於矽谷企業的產品經理分享道：「我見過太多技術優秀的工程師，因為過度堅持個人想法，而忽視團隊需求，最終無法在職場上獲得長遠發展。而那些願意傾聽團隊意見、適時調整策略的人，才是最終脫穎而出的關鍵人才。」

這個案例強調，當我們學會將「競爭思維」轉化為「協作思維」，不再只專注於自己的成就，而是思考如何與他人共同達成目標時，職涯的發展將會更為順遂。

## 如何調整自我心態，融入團隊

### 1. 學會換位思考

當遇到意見不合時，試著從對方的角度去理解問題，而不是急著捍衛自己的立場。例如，在專案討論中，若主管提出修改建議，與其覺得自己的能力被質疑，不如思考主管的建議是否能讓專案更完善。

### 2. 接受批評並學習成長

職場上的建議與批評，不一定是對個人能力的否定，而是讓我們成長的機會。當同事或主管提出意見時，與其防備或抗拒，不如將其視為改進自己的契機。

### 3. 強化溝通能力

許多職場衝突，往往來自於溝通不良。學會在適當的時機表達自己的想法，同時尊重他人的意見，是建立良好團隊合作的關鍵。

### 4. 培養團隊精神

主動參與團隊活動，與同事建立良好關係，有助於提升合作效率。記住，職場不是個人的戰場，而是一個需要互相支援的環境。

在競爭激烈的職場環境中，個人能力固然重要，但若缺乏團隊協作的精神，即便擁有再高的才華，也可能陷入職涯的瓶頸。學會突破「自我中心」的思維，培養合作與溝通能力，將使我們在職場上更加得心應手。

當我們願意放下「只顧自己的成功」的心態，學會與團隊共同成長，未來的發展將不再受限，而是擁有更多無限可能。

## 第二章　克服弱點，提升競爭力

## 打破拘謹，展現自信

　　進入職場的第一天，許多人因為陌生環境的壓力，總是選擇低調、謹慎，深怕一個不小心就出錯。但你是否想過，這種拘謹的表現，可能會讓你在同事眼中被定型，甚至影響未來的發展？職場不僅是一個工作的場所，更是一個展現個人特色、建立專業形象的舞台。如果一開始過於拘謹，反而會讓自己陷入被動，難以展現真正的能力與價值。

　　剛踏入職場時，你的行為、談吐，甚至神情，都在無形之中影響著同事對你的看法。如果你總是低著頭、不敢說話，大家就會認為你是個害羞、不擅溝通的人；如果你凡事過於小心翼翼，不敢發表意見，可能會讓主管覺得你缺乏自信，無法勝任更具挑戰性的任務。

　　建宏剛進入一間科技公司時，因為擔心自己沒有經驗，所以在開會時總是默默聆聽，不敢發言，即使主管詢問他的意見，他也總是簡單帶過，深怕說錯話。結果幾個月後，主管在評估時直接給出「執行能力不錯，但缺乏主動性與決策能力」的評價，導致他錯失晉升機會。

　　相反的，另一位同期的同事凱文，雖然也是新人，但他在會議中勇於表達自己的想法，適時提出問題，即使不一定

總是正確，但他的積極態度讓主管注意到他，並願意給予更多學習機會。

這兩種不同的表現，決定了兩人完全不同的職場發展。第一印象一旦建立，便很難改變，因此在進入新環境時，我們應該勇於展現自信，而不是讓拘謹成為我們的絆腳石。

許多人在職場上，會因為害怕出錯而過度拘謹，結果反而失去了許多成長機會。這種情況就像是一隻被困在繭裡的毛毛蟲，明明有能力展翅高飛，卻因為害怕而選擇安於現狀，最終錯過了蛻變的契機。

我們常常可以看到一些人在職場上「內外不一」——在公司內總是沉默寡言，但在私下卻是個風趣健談的人。他們並不是缺乏能力，而是因為過於拘謹，害怕在職場上表現自己，於是選擇低調。然而，長期下來，這種形象就會被固化，當別人習慣了你的低調，你就更難改變了。

如果我們不主動打破這種局面，那麼在職場上，我們永遠都只能當個「背景角色」，無法真正展現自己的價值。

## 如何擺脫拘謹，建立自信的職場形象？

### 1. 調整心態，不要過度在意別人的眼光

許多人之所以拘謹，是因為過於在意別人的看法，擔心自己表現不好會被批評。但事實上，在職場上，每個人都忙

## 第二章　克服弱點，提升競爭力

於自己的工作，並不會隨時關注你的一舉一動。適當放下這種心理負擔，才能更自在地展現自己。

### 2. 勇敢發言，積極參與討論

即使是新人，也應該在適當的時機表達自己的想法，讓主管與同事知道你的思考能力與邏輯。即使一開始講得不夠精準，也無妨，重點是讓大家看到你的學習態度與積極性。

### 3. 用肢體語言展現自信

站姿挺直、與人對視、微笑回應，這些簡單的肢體語言都能讓你看起來更有自信，並且讓人感覺你是個值得信賴的夥伴。

### 4. 不要害怕犯錯，從錯誤中學習

剛進入職場時，犯錯是難免的，重要的是如何從錯誤中學習，而不是因為害怕犯錯而什麼都不敢做。與其擔心出錯，不如大膽行動，累積經驗，這樣才能真正成長。

在職場上，拘謹並不代表謙遜，過度的低調反而可能讓自己陷入被忽視的困境。當我們能夠擺脫這種心態，勇於表現自己，便能在人際關係與工作機會上獲得更多優勢。

當你走進職場的第一天，你有機會決定別人如何看待你。與其被動接受標籤，不如主動塑造自己的形象，讓大家記住你最自信、最專業的一面。不要等到多年後才發現，當初的拘謹讓自己錯過了多少可能性。現在就開始行動，勇敢展現自信的自己，讓職場之路更加順遂！

## 學會收斂任性

許多年輕人在成長過程中，由於家庭環境的影響，習慣了自由、不受拘束，甚至帶有些許任性。然而，當這種個性帶入職場時，卻可能成為適應工作的絆腳石，影響與同事的相處，還可能會阻礙職場發展。因此，如何在職場中適當調整自己的個性，學會收斂任性，並善用自身特質，將成為職場新人必須學習的重要課題。

任性並不全然是負面特質，有時它代表的是自信與堅持。然而，在職場環境中，過於強調個人意願而忽略團隊合作，可能會造成不必要的摩擦。例如，有些年輕人習慣以個人感受決定工作態度，當遇到不喜歡的任務或意見不同的主管時，可能會選擇抗拒或表現出負面情緒，這將直接影響職場形象，甚至讓主管對其失去信任。

欣怡剛進入一間知名企業擔任行銷助理，她工作能力不錯，但由於個性較為任性，當她提出的企劃未被主管採納時，便直接在會議上表現出不悅，甚至在團隊討論時拒絕提供其他建議。久而久之，同事們開始不願意與她合作，主管也認為她不夠成熟，無法負責更重要的專案。最終，她在試用期結束前便被公司解聘。

## 第二章　克服弱點，提升競爭力

　　這樣的情況並非個案，許多初入職場的年輕人，因為缺乏情緒管理，容易因一時的挫折或不滿意而影響表現，甚至損害自己的職場機會。因此，學會調整心態，適應職場環境，是邁向成功的重要一步。

## 如何調整任性的個性，提升職場競爭力？

### 1. 學會換位思考，理解團隊合作的重要性

　　職場不同於學校，工作並非只靠個人表現，而是仰賴團隊協作。當你學會站在主管或同事的角度思考，就能理解每個決策背後的考量，而不只是堅持個人的想法。嘗試理解不同立場，會讓你更容易與同事建立良好關係，也能讓主管看到你的成熟度。

### 2. 適時調整情緒，避免衝動行事

　　當面對不如意的事情時，學會控制自己的情緒，避免當場表達不滿或直接對抗。職場上最重要的能力之一就是「情緒管理」，當你能夠冷靜應對各種挑戰，才有機會爭取更好的發展空間。

### 3. 善用性格優勢，讓任性成為職場優勢

　　任性並不全然是缺點，關鍵在於如何善加運用。例如，若你的性格較為主動積極，可以將這份熱情用於創新思考或

提案，讓主管看到你的企圖心與創意；如果你習慣依靠直覺做決策，可以透過數據分析來補強自己的邏輯性，讓自己的決策更具說服力。

**4. 找到適合的職場角色，發揮自身優勢**

不同類型的工作，對個性的要求也有所不同。如果你的個性較為獨立，不喜歡過多的團隊協作，可以選擇較自主的工作，例如自由接案者、創作者、程式開發等；如果你擅長與人互動，則可以選擇行銷、公關、顧客服務等需要溝通能力的職位。找到適合自己的工作環境，能夠讓你更容易適應職場，也能發揮所長。

哲凱畢業後進入一間科技公司擔任工程師，他的能力相當優秀，但個性較為自我，習慣以自己的方式完成工作，對於主管的要求總是有自己的看法。某次公司安排他參與一個重要專案，然而，由於他的工作方式與團隊不同，導致專案進度嚴重落後。主管找他談話時，他堅持自己的做法沒有錯，並認為團隊應該配合他的節奏，這讓主管感到非常頭痛。

經過幾次挫折後，哲凱開始意識到自己的問題，他開始調整自己的態度，學習與同事溝通，並試著理解團隊合作的運作方式。他慢慢地發現，當他願意配合團隊節奏時，工作效率反而提升了，並且獲得更多的成長機會。一年後，他成

## 第二章 克服弱點，提升競爭力

功升遷為專案負責人，成為公司內部最受信賴的技術專家之一。

這個案例說明，即使一開始個性較為任性，只要願意調整心態，學習適應環境，就有機會在職場上取得成功。

任性並不是絕對的缺點，而是取決於我們如何運用它。在職場上，適時收斂個性，學會與人合作，才能讓自己更快適應環境，獲得更多的發展機會。如果我們能夠掌握情緒管理，學習換位思考，並找到適合自己的工作模式，任性反而能成為一種展現個人特色的方式。

最終，職場上的成功，不僅取決於專業能力，更取決於我們如何與人相處、如何面對挑戰。學會調整心態，讓任性不再是阻礙，而是讓我們成長的動力。

## 放下嫉妒心

　　嫉妒是一種負面且無益的情緒，它不僅影響個人的心理狀態，也可能破壞人際關係，甚至阻礙職場發展。在職場中，成功並非取決於比較，而是來自於自身的努力與成長。當我們過度關注他人的成就，卻忽略自己的進步時，就容易陷入負面的情緒循環，甚至可能因嫉妒而做出不理智的行為，最終損害的是自己。

　　嫉妒通常源於對比，當我們看到別人獲得升遷、加薪或讚賞，而自己卻原地踏步時，內心可能會感到不平衡。然而，這種情緒若無法妥善調適，不僅無助於改善現狀，反而會讓我們陷入負面思維，使自身的職場表現受到影響。

　　宇軒是一名新進員工，他與同事立倫同時進入公司，但立倫因表現優異，很快便受到主管的賞識，獲得更多學習機會。宇軒心中不免產生不滿，他開始挑剔立倫的工作，甚至私下對同事抱怨主管偏心。然而，這些行為不僅沒有幫助他成長，反而讓他在團隊中逐漸被邊緣化。最後，他因缺乏正面態度與團隊精神，而錯失了晉升的機會。

　　嫉妒的情緒不只影響個人心態，也會損害人際關係。一旦讓嫉妒主導行為，便容易產生猜疑與對立，甚至影響整個

職場環境。若不能及時調整心態，嫉妒可能會讓人變得負面、怨懟，進而錯失成長的契機。

## 如何轉化嫉妒為成長動力？

### 1. 把嫉妒轉化為學習的機會

當你發現別人表現優異時，與其心生嫉妒，不如將其視為榜樣，觀察對方的成功之道，並思考自己可以學習哪些優勢。例如，當你看到同事的提案屢獲好評時，不妨分析對方的邏輯架構、簡報技巧，並努力提升自己的能力，讓自己也能站上舞台。

### 2. 調整自我期待，專注於自身進步

每個人的成長速度不同，與其與他人比較，不如關注自己的進步軌跡。設定明確的短期與長期目標，並專注於如何達成，而非只關注他人的成就。例如，如果你的同事升遷了，而你仍在原職位，與其感到失落，不如檢視自己的表現，並思考如何提升技能，為下次的機會做好準備。

### 3. 培養感恩與正向思維

在職場上，我們的成就往往來自於團隊的支持。學會欣賞別人的成功，真心為他人喝采，這不僅能讓自己擁有更健康的心理狀態，也能建立更良好的人際關係。例如，當同事

獲得晉升時，主動給予祝賀，並視其為激勵自己的動力，這將有助於塑造更正向的人際互動。

## 4. 強化團隊合作精神

個人成功往往離不開團隊的支持，而嫉妒則會破壞團隊的合作氛圍。在職場中，與其讓嫉妒成為阻礙，不如學習如何與同事互相合作、共同成長。例如，當你的同事提出出色的企劃時，與其心生不滿，不如思考自己能如何協助完善方案，讓整個團隊一起取得成功。

## 5. 建立長遠的職涯視野

短期內的比較可能讓人感到挫折，但職場是一場長期的馬拉松。當你能夠放下眼前的嫉妒，而是著眼於如何在長期內不斷提升自己，你會發現，每一個人的成長軌跡都不同，成功並不只取決於一時的得失，而是取決於持續的努力與學習。

筱晴是一家設計公司的專案經理，性格內斂，對自己的作品要求極高。然而，她發現自己總是比不上同事佳恩，佳恩的設計風格獨特，屢屢獲得客戶的青睞，甚至在短時間內獲得晉升。起初，筱晴內心充滿嫉妒，甚至覺得公司對自己不公平，影響了她的工作情緒。

然而，在一次公司內部培訓中，她聽到一句話：「嫉妒其實是一種提醒，提醒你有尚未達成的目標。」這句話讓她開

## 第二章　克服弱點，提升競爭力

始重新審視自己的想法，她決定主動向佳恩請教，了解她的設計理念與客戶溝通方式。透過觀察與學習，筱晴發現自己過去過於拘泥於細節，忽略了市場需求，於是她開始調整策略，嘗試將市場趨勢與自己的設計風格結合。半年後，她的作品逐漸獲得客戶的認可，甚至獲得一項重要的設計獎項，這時她才真正體會到，當她將嫉妒轉化為成長的動力時，她也找到了自己的成功之道。

嫉妒本身並不可怕，可怕的是讓它成為阻礙我們成長的負擔。當我們能夠將嫉妒轉化為學習的契機，專注於自身的提升，並以正向心態面對職場競爭時，我們將發現，成功其實離我們並不遠。

職場上的每一次比較，都是讓我們學習與成長的機會。當我們學會為他人的成功感到高興，並且願意學習他們的優點時，我們將不再受到嫉妒的束縛，而是能夠自在地在職場中發展，找到屬於自己的舞台。

放下嫉妒，你的未來將更加光明。

## 叛逆平衡點

年輕世代的特質之一，往往是對既有規範的挑戰與對傳統權威的質疑。這種叛逆性格在藝術、設計、創新等領域，確實能夠激發出與眾不同的創意，帶來突破性的成就。然而，在職場中，過度的叛逆卻可能成為一種阻礙，使人難以融入團隊，甚至影響職涯發展。因此，學會適度地掌握叛逆的分寸，將其轉化為正向的動能，才是職場成功的關鍵。

### 叛逆的優勢

適度的叛逆，能讓人在思考問題時不拘泥於傳統框架，敢於突破與創新。歷史上許多偉大的創新者，如巴勃羅·畢卡索（Pablo Picasso）、科學家阿爾伯特·愛因斯坦（Albert Einstein）等，都展現出對既有體系的挑戰精神，進而開創出新的領域。對於某些強調創意的行業，這種特質確實能成為成功的助力。

### 叛逆的危機

然而，在多數職場環境中，過度的叛逆往往帶來人際關係的緊張，甚至讓自己陷入困境。例如，當一名新人過於強

第二章 克服弱點，提升競爭力

調自己的觀點，而忽略團隊合作，或是不願意遵守職場規範，那麼他可能會被視為難以溝通、不易管理，最終影響自身的職涯發展。

## 如何在職場中善用叛逆？

### 1. 學習適應環境，了解職場文化

每家公司都有其獨特的文化，有些企業強調創新，容許挑戰傳統，而有些則重視紀律與流程。因此，在進入職場時，首先要觀察並適應環境，了解哪些行為被接受，哪些則可能造成問題。當你掌握了遊戲規則，便能在適當的時機發揮個人特質，而不至於因為無謂的衝撞而讓自己陷入困境。

### 2. 讓質疑成為建設性的力量

叛逆並不等於反抗，而是透過理性的思考與創新的視角來改善現有問題。例如，如果你認為公司的某項作業流程過於繁瑣，與其直接否定，不如提出具體的改進建議，並透過數據或案例來說服主管。這樣一來，你不僅展現了批判性思考，也能夠讓自己的意見更具說服力。

### 3. 學會選擇戰場，避免無謂對抗

在職場中，不是所有的事情都值得爭論，選擇適當的戰場，才能讓叛逆的力量發揮最大效益。例如，當遇到影響工

作效率的問題時，適度表達建議可能會獲得主管的重視；但若是針對主管的個人風格或公司政策過於挑剔，則容易讓自己陷入對立的局面，影響未來的發展機會。

### 4. 培養情商，提升溝通技巧

　　許多叛逆性格強烈的人，往往因為過於直接或缺乏耐心，讓自己陷入不必要的衝突。因此，學會換位思考、調整語氣，甚至在適當時機展現幽默感，都能讓自己的意見更容易被接受。例如，當你想提出不同意見時，可以先肯定對方的觀點，再表達自己的想法，而不是直接反駁，這樣能降低對方的防備心，讓溝通更順暢。

### 5. 建立自己的影響力，而非對抗權威

　　真正的影響力來自於專業能力，而不是單純的反對。例如，在公司內部，一位員工若能透過卓越的表現證明自己的價值，主管自然會尊重他的意見；相反，如果只是一味的挑戰權威，卻缺乏實際成果，那麼這種叛逆便會被視為無理取鬧，最終影響自身發展。

　　阿倫畢業於建築設計系，他的設計風格大膽前衛，總是挑戰傳統的建築概念。然而，進入一間知名建築公司後，他發現自己的想法往往無法被接受，甚至被批評過於理想化。他一開始感到不滿，認為主管與同事過於保守，難以接受新穎的概念，於是開始產生負面的情緒，對公司的規範感到厭

煩，甚至有些自暴自棄。

後來，他開始調整自己的策略，學習如何將創新融入現實的專案需求。他觀察到，公司的客戶大多希望設計既具創意又符合市場需求的建築，因此，他開始在設計中結合傳統與創新元素，並透過細緻的市場調查來支持自己的提案。這種改變讓他的設計逐漸獲得公司與客戶的認可，不僅成功爭取到幾個大型專案，甚至在短短三年內晉升為設計總監。

阿倫的經驗證明，叛逆本身並非問題，關鍵在於如何將其轉化為推動創新的力量。如果他一味堅持自己的風格而拒絕適應市場，那麼他可能會被職場淘汰；但透過學習調整，他不僅保持了自己的創造力，也成功在職場中發光發熱。

叛逆並非壞事，它代表著獨立思考與創新的可能。然而，職場並不是單打獨鬥的地方，如何在堅持個性與融入環境之間取得平衡，才是成功的關鍵。

當我們學會在適當的時機發表意見、理性溝通，並用行動證明自己的價值時，叛逆將不再是負擔，而是讓我們在職場中脫穎而出的最佳助力。

掌握叛逆的分寸，你的職場之路將更順遂，未來也將更寬廣。

# 第三章
# 職業潛能的探索與開發

　　現今的年輕世代，不僅學歷普遍較高、思維靈活，且具備極高的可塑性。他們積極進取、多才多藝，並擁有強烈的自我實現動機。然而，在追求理想的過程中，部分人可能會因「眼高手低」的心態，錯失累積經驗的機會，甚至在職涯發展的某個階段遭遇瓶頸。因此，如何正確發掘自身職業潛能，並透過持續學習與策略規劃，將個人的職涯推向更高層次，成為年輕人職場成長的重要課題。

## 發掘職業潛能

　　許多人在職場上的瓶頸，並非來自外在環境，而是對自身的認知不足，導致無法有效發揮優勢。有些人因害怕挑戰而局限於熟悉的工作範圍，有些人則因缺乏明確的職涯規劃，導致多年來始終停留在相同的職位，錯失成長機會。

　　賀明，30歲，主修英語，擁有六年國際企業經驗。他的語言能力出色，口語流利，能夠輕鬆應對各種商務場合。然而，儘管他在公司內部表現優異，卻發現自己的職位遲遲無法晉升。當他開始思考下一步時，發現自己雖然擁有優秀的語言能力，但在專案管理、跨部門溝通等方面仍有不足。因此，他選擇報名專案管理課程，並透過內部調動機會，開始接觸更具挑戰性的工作，最終成功轉任專案經理，將自己的職業發展推向新高度。

　　當我們談論職場競爭力時，許多人會直接聯想到「專業技能」，但實際上，真正讓一個人在職場中脫穎而出的，往往是更全面的「核心競爭力」。這包括專業知識、人際溝通、解決問題的能力，以及適應環境變化的靈活性。

　　張宇是一名軟體工程師，擅長撰寫程式碼，但長期以來，他的職位始終停留在開發人員的層級，無法獲得更高的

發展機會。他的主管曾向他指出:「技術能力固然重要,但要成為行業的關鍵人物,還需要能夠站在更高的角度,理解產品策略、市場需求,甚至是如何帶領團隊完成專案。」張宇意識到,若要進一步發展,他不能只專注於技術,而必須培養領導力與商業思維。因此,他開始學習專案管理,並主動參與公司內部的跨部門專案,最終獲得晉升機會,成為技術團隊的管理者。

## 職場提升的關鍵因素

(1) 專業技能:精通自身領域的技術與知識,確保自己具備不可取代的價值。

(2) 跨部門協作:學習如何與不同領域的專業人士合作,提升解決問題的能力。

(3) 策略思維:除了技術本身,還需要理解市場趨勢、商業模式,以更全面的角度思考問題。

這些能力的累積,最終決定了我們在職場上的發展空間。

在職場上,機遇與挑戰並存,有些人能夠迅速掌握機會,而有些人則因猶豫不決或準備不足,與成功擦肩而過。如何在機運來臨時,讓自己具備足夠的實力去抓住它,成為決定職業發展的重要關鍵。

林瑋是一名行銷專員,工作表現穩定,但始終未獲得突

破性的機會。有一天，公司決定拓展國際市場，並在內部尋找願意前往海外工作的員工。林瑋雖然沒有國際市場的經驗，但他回顧自己的專業技能與興趣，發現自己對跨文化行銷十分感興趣，並且過去曾自學過第二外語。於是，他主動向主管爭取機會，並展現出自己對新挑戰的學習熱忱。最終，他成功進入海外市場團隊，不僅提升了自身價值，也為未來的職涯發展打開更多可能性。

## 如何為職場機遇做好準備？

(1) 保持開放的心態：願意嘗試新的挑戰，不被既有的職務框架限制。

(2) 持續學習與自我提升：即使當下沒有需求，也應該持續累積專業知識，讓自己隨時具備迎接挑戰的能力。

(3) 建立良好的職場形象：積極主動、有責任感的員工，更容易被主管看見，並獲得重要機會。

(4) 培養長期職業競爭力：穩健發展，避免停滯

在職場中，許多人會遇到「職業倦怠」或「發展停滯」的問題。當我們開始對工作感到無趣，或發現自己的學習曲線趨於平緩時，就應該思考是否需要做出改變，避免陷入「職場舒適圈」。

## 避免職涯停滯的關鍵行動

(1) 定期評估職業目標：每半年或一年回顧一次自己的職業發展，確保目標仍然符合自己的長期規劃。

(2) 拓展專業領域：不僅要深化現有的專業技能，還要尋找相關領域的發展機會，增加個人的市場競爭力。

(3) 主動建立人脈：職場不僅是個人實力的展現，更是合作與人際關係的場域，透過參與業界活動、建立職場網絡，能夠獲得更多成長機會。

發掘自身潛能，並非一蹴可幾，而是需要透過不斷的學習、實踐與挑戰，才能讓自己的職業發展更上一層樓。唯有掌握自身的核心能力，培養適應變化的彈性，並勇敢迎接機會，才能在職場中站穩腳步，開創屬於自己的未來。

每個人都有無限的可能，只要願意探索與改變，職涯的高度將由自己決定！

## 第三章　職業潛能的探索與開發

## 避免成為「華而不實」的人

在求職與職場發展的過程中，許多擁有高學歷、專業證照的人才，卻在求職市場屢屢碰壁，甚至在試用期後被淘汰，未能順利進入正式職場。他們或許具備理論知識，但實際工作能力不足，無法展現出企業真正需要的價值。這樣的現象，就像是一個外表精美但內容空洞的商品，缺乏真正的競爭力。

這類現象在現代職場並不罕見，許多求職者在進入職場後，才發現自己與實際工作的要求有明顯落差。雖然學歷與證書可以成為進入企業的敲門磚，但唯有紮實的技能、良好的態度，以及不斷學習的精神，才能真正立足於職場。

每年數以萬計的年輕人步出校園，帶著滿腔熱忱與一疊履歷，準備在職場大展身手。然而，當他們遞出履歷時，企業的用人單位往往只是隨意翻閱，並未留下太多印象。這些求職者可能具備漂亮的學歷與專業證照，卻缺乏實務經驗與職場競爭力，因此在初試與試用期時便遭到淘汰。

李奇便是其中一例。他畢業於知名大學，學歷優秀，對未來充滿期待。然而，他與四位同學在應徵時，儘管擁有較高學歷，卻在試用期結束時全數被淘汰。當他向人資主管詢問原因時，對方直言：「你們的學歷的確很好，但缺乏獨特的

避免成為「華而不實」的人

專業技能與工作態度，無法在公司內發揮實際價值。相比之下，學歷較低但願意學習且擁有實際技能的員工，反而更受公司青睞。」

這番話讓李奇意識到，學歷並非職場成功的唯一關鍵，如何讓自己的能力真正符合企業需求，才是突破職涯瓶頸的關鍵。

在職場中，最具競爭力的人才，往往是那些能夠展現「獨特價值」的人。如果一個人的專業技能、經驗與思考方式，與其他競爭者並無明顯差異，那麼便難以在職場中脫穎而出。

## 如何避免成為一個「華而不實」的人才？

### 1. 培養核心專長

學歷與證書固然重要，但更重要的是發展「不可取代」的專業技能。例如，一名行銷專員如果能精通數據分析，或擁有品牌經營的實戰經驗，那麼便比單純只會基礎行銷理論的人更具競爭力。

### 2. 累積實務經驗

純理論無法讓人在職場中生存，唯有透過實際操作與專案執行，才能真正了解工作的本質。例如，一名設計師不僅

需要懂得美學理論，更需要能夠將概念轉化為市場可接受的設計，並根據客戶需求靈活調整。

### 3. 主動學習與適應變化

職場環境瞬息萬變，企業所需的技能也在不斷更新。因此，持續學習是保持競爭力的關鍵。無論是透過進修課程、自學，或是在工作中積極吸收新知，都能確保自己不被市場淘汰。

### 4. 建立良好工作態度

許多企業更看重員工的「可塑性」，而非單純的學歷背景。一個願意學習、肯吃苦、不自視過高的員工，往往比一個擁有華麗履歷但態度散漫的人，更受主管青睞。

若想在職場中穩步前進，不僅要提升專業技能，更需要打造自己的職場價值，使自己成為企業不可或缺的角色。這包括：

### 1. 強化「技術知識庫」與「資源知識庫」

前者指的是專業技能、知識儲備，後者則是對行業趨勢、競爭市場的掌握，並建立有效的職場人脈。

### 2. 培養跨領域能力

在現今的職場環境中，單一技能已經不足以應對競爭。能夠橫跨不同領域的人才，例如懂技術又熟悉行銷、具備財務知識又精通管理的人，更容易獲得企業青睞。

### 3. 學習解決問題的能力

企業不僅需要員工完成工作,更希望他們能夠解決問題。因此,提升邏輯思維、分析能力,以及應變能力,將有助於提升自身價值。

每個進入職場的年輕人都希望能夠快速發展、獲得肯定,但若只是擁有光鮮的學歷與證書,而缺乏實際能力與態度,終將被市場淘汰。真正的職場競爭力來自於不斷學習、提升技能,以及建立屬於自己的專業價值。

不要讓自己成為一個「華而不實」的求職者,而是努力發展專業技能、培養實戰能力,讓自己成為企業不可或缺的關鍵人才。唯有如此,才能在競爭激烈的職場中立足,開創屬於自己的未來。

## 重視思考，讓工作更有價值

在職場上，大多數人都意識到「執行力」的重要性，當接到任務時，通常會立即進入狀態，全力以赴地完成。然而，僅有高效率並不足以確保職場發展，如果缺乏深度思考，就很難在工作中找到樂趣，更難在遇到問題時迅速應變。真正的成功來自於「帶著思考工作」，這不僅能提升解決問題的能力，更能讓自己在職場中持續成長。

許多優秀的專業人士，都有一個共同特質——重視思考。他們不僅著重於完成當前的工作，還會思考如何優化流程、提升效率，甚至預測可能發生的問題並提前準備對策。這種習慣讓他們在競爭激烈的職場中穩步前進，最終超越他人。

遇到問題時，優秀的人不會視之為障礙，更不會急於將責任推給別人。他們會冷靜分析問題的起因，回顧是否曾有類似情況，並探索導致問題的環境因素。他們會預測可能產生的影響，尋找解決方案，甚至將問題轉化為新的機會。例如，一個常因時間管理不善而導致失誤的員工，若能正視問題、分析根本原因並改善習慣，未來便能更高效地完成工作，甚至成為團隊中的時間管理專家。

這樣的正向思考方式，也反映在許多成功人士的經歷

中。當一家公司面臨市場變遷、競爭激烈的挑戰時,領導者若只是被動應對,往往會陷入困境;但若能從問題中尋找突破點,則可能反敗為勝。

創新並非天馬行空的想像,而是來自對現有資源的重新思考與整合。西村金助的故事便是一個典型案例。他原本經營沙漏,然而在時鐘普及後,沙漏逐漸被淘汰,生意也日漸低迷。一般人可能會選擇放棄,轉向其他產業,但西村並未如此,他選擇帶著思考工作,尋找沙漏的新用途。

一天,他在閱讀一本賽馬的書籍時,發現了一個關鍵概念:「馬匹在現代社會雖然失去了運輸功能,但透過賽馬的娛樂價值,仍然能發揮重要作用。」這讓他靈機一動,決定為沙漏找到新的價值。他發明了一款限時三分鐘的沙漏,可用來控制長途電話的通話時間,幫助使用者避免超額電話費。這個創意讓他的產品重新獲得市場青睞,從瀕臨倒閉的小工廠變成一家成功企業。

西村的故事說明了一個重要道理:當市場或環境發生變化時,不思考便等於被淘汰。唯有努力思考,才能在困境中尋找突破,讓原本毫無價值的事物,煥發新的生機。

許多時候,真正決定我們人生方向的,並不是外在環境,而是我們如何思考。若總是以負面角度看待問題,只會讓自己陷入困境;但若能從每次挑戰中學習、進步,那麼每

個困難都能成為新的機會。

思考並非與生俱來,而是一種可以培養的能力。若想在職場上更加卓越,不妨試試以下方法:

### 1. 面對問題時,先問「為什麼?」

當你遇到困難或障礙時,不要急於解決,而是先思考「這個問題的根本原因是什麼?是否有更好的解決方式?」例如,如果你發現工作常常被打斷,導致效率低下,是否應該調整工作模式或優化時間管理?

### 2. 多觀察,學習優秀者的做法

成功的人並非天生如此,而是透過不斷的學習與調整才成就了今天的自己。觀察那些在職場表現優異的人,看看他們如何思考、決策,並試著模仿與學習。

### 3. 培養前瞻思維

不僅思考當下的問題,也要試著預測未來的變化。例如,若你發現某項技術或趨勢正在改變產業生態,是否應該提前學習相關技能,以便未來能夠應對變化?

### 4. 持續學習,拓展知識邊界

思考力的提升,來自於不斷的學習與累積資訊。透過閱讀書籍、參與講座或與不同領域的專業人士交流,都能激發新的思考角度,讓自己擁有更廣闊的視野。

## 5. 善用筆記與反思

記錄每天的思考與學習心得，有助於強化記憶並提升思考能力。例如，可以在工作結束後問自己：「今天的工作有沒有哪個地方可以做得更好？如果再來一次，我會怎麼改進？」透過這種方式，能讓自己不斷進步。

在職場中，執行力固然重要，但唯有帶著思考工作，才能讓自己真正脫穎而出。那些能夠努力思考、尋找解決方案的人，往往比其他人更能適應變化，也更容易獲得成功。

如果你希望自己的職涯充滿挑戰與機遇，那麼，請從今天開始，帶著思考工作。思考不僅能幫助你解決問題，更能讓你發現更多機會，進而開創屬於自己的精彩未來。

## 勇於創造,突破職業瓶頸

創造力不僅是個人一生的資本,也是現代職場中許多優秀員工能夠穩定立足、突破瓶頸的關鍵。過去數十年來,社會的種種進步,正是源於人類無法預測的創造力。隨著時代的發展,創新已經成為許多企業競爭的核心所在。

在職場上,我們經常看到一些年輕員工,他們的能力和條件都很不錯,具備了讓老闆賞識的多種技能,但他們的致命弱點在於不敢面對挑戰、缺乏創造力。這些員工通常表現得謹慎小心、循規蹈矩,生活中也缺乏突破和挑戰自己的勇氣,這樣的狀況使他們很難突破現有的瓶頸,成為職場上的一員。

比爾蓋茲(Bill Gates)曾經強調:「對於一家公司來說,最重要的就是員工的創造力!我們要做的事情是,招募業界最聰明、最優秀、最肯做事、最有創造力的人進公司。」這句話體現了創造力在企業中的巨大價值。在現代職場中,創造力能幫助員工在競爭激烈的環境中脫穎而出。那些擁有創造力的員工,通常能更早地得到升遷或加薪的機會,而缺乏創造力的員工則容易停滯不前,最終遭遇職業瓶頸。

當員工的思維變得僵化，逐漸陷入模式化的工作流程中，創意和靈感也會隨之消耗，最終被職場淘汰。反之，創造性地完成工作，探索改進方法，將能讓員工獲得更多機會，不僅能提升自己的工作表現，還能在職場中建立自己的獨特價值。

即使是最基本的工作，只要能夠用心思考，發現問題並尋找改進的方式，往往能帶來意想不到的突破。職場上的成功並非單純依賴外在條件，更關鍵的是能否將創造力融入工作中。

有個故事發生在一家手帕廠。這家工廠主要生產高品質的白錦緞手帕，然而隨著面紙的普及，銷售出現了嚴重積壓。這時，銷售員靈機一動，他想到手帕不僅可以用來擦手、擦汗，還可以作為美化生活的工具。他進行了市場調查，發現市場上並無以美化功能為主的手帕，這一發現讓他決定改變產品策略。他與技術部門合作，設計出帶有各種圖案的手帕。這些手帕重新煥發了新生命，銷量大幅回升，他也因此獲得了豐厚的回報。

這個例子再次表明，創造力能夠將看似過時的產品轉化為市場上暢銷的熱品。當市場變化時，善於創造的員工能夠迅速調整策略，開創新局。

在競爭激烈的職場中，創造力能決定一個員工是否能夠

脫穎而出。企業需要的是那些能夠帶來創新想法並付諸實踐的人。薪水與獎勳往往是給那些擁有創造力的人，而不是那些只會執行工作的員工。創造力能帶來不僅是財富和地位，更是自我實現和職業成就感。

因此，每位年輕的職場人都應該在工作中不斷學習、汲取經驗，並努力提高自己的創造力。積極思考、突破自我、挑戰現狀，才能不斷發掘自己的潛力，並在職場上持續發展。只有那些勇於創造的員工，才能打破職業瓶頸，走向更高的職業舞台。

在職場中，創造力無疑是最重要的競爭力之一。它不僅能幫助員工在職場中獲得更多的機會，還能促進自我成長。創造力能讓我們在面對挑戰時更有信心，並尋找到改變局勢的辦法。因此，年輕一代應該將創造力融入到日常工作中，從中發掘出不一樣的機會與價值，突破職業瓶頸，開創更加光明的職業未來。

## 要敢冒險，突破自己

　　許多年輕人進入職場後，往往因為自身經驗不足，對自己的能力感到不自信，從而避免主動承擔風險，錯失了許多成長機會。而當他們遇到瓶頸時，總會為自己不敢行動找到各種理由。他們會給自己設下許多藉口，用理論包裝自己，害怕冒險，不願突破困境，最終可能會在原地踏步，錯過職業發展的黃金機會。

　　職場上的工作不僅是完成日常的任務，更是一次次展現自己智慧、熱情和創造力的機會。積極主動的員工，總是能夠在工作中投入更多的創意與努力，將工作做好。而那些消極避險的人則往往將自身的潛力埋藏在內心，不敢挑戰自我，無法實現突破，最終導致職業生涯的停滯不前。

　　要想在競爭激烈的職場中脫穎而出，就必須勇於冒險，敢於嘗試，並從每一次的經歷中學習。無論是面對新挑戰還是解決新問題，只有在冒險中，我們才能突破自己的局限，發現新的工作方法，從而提升自我。

　　在我們的職業生涯中，無數的「當下」構成了我們的人生。每一個當下的選擇，都是我們成長的一部分。在面對工作中的困難時，選擇勇敢去面對，而不是懷疑和逃避。這不

## 第三章　職業潛能的探索與開發

僅能幫助我們在職場中取得進步，也會讓我們的人生更加充實與有意義。

許多人在面對困難時，經常會猶豫不決，直到最後一刻才決定是否行動。這種猶豫不決會讓我們錯過最好的時機，甚至形成職業瓶頸。正如一句名言所說：「要活得像明日就要死去一樣。」這並非消極地生活，而是要珍惜每一個當下，無論遇到什麼困難，都要全力以赴，因為這些經歷將成為我們最寶貴的資本。

曉菲剛畢業時進入了一家化妝品公司，經過短暫的培訓後，公司安排她到一個大城市拓展市場。然而，當經理提出這個建議時，許多老員工都選擇沉默，而新員工們也都低下了頭。此時，曉菲毫不猶豫地舉起了手，表達了自己願意承擔這個挑戰的決心。

經理雖然對她這位新人有些疑慮，但還是同意了她的請求。下班後，曉菲有些後悔，擔心自己是否會無法完成任務。但她最終鼓起勇氣，告訴自己：「這是一次機會，也是一次磨練。」在經過三個月的辛苦努力後，她成功地在該城市建立了市場拓展點，並且因此獲得了升職，成為了部門副經理。她的見識和能力得到了大幅提升，並且在這一過程中突破了自我。

對職場新人而言，勇於冒險不僅僅是挑戰自己，更是一個人成長的過程。在這個過程中，我們不斷突破自我、戰勝困難，並從中獲得寶貴的經驗與能力。只有在冒險和挑戰中，我們才能真正發現自己的潛力，並為未來的成功鋪平道路。所以，無論面對多大的困難，都要相信自己，勇敢踏出第一步，突破職業瓶頸，成就更加光明的未來。

## 第三章 職業潛能的探索與開發

## 相信的力量

在我們的人生中，困難是無可避免的，每個人都會在不同的階段面臨各種各樣的挑戰，但重要的是，要有相信自己可以突破困難的自信。

一位名叫林子豪的年輕人，剛從大學畢業時，他的父母經濟條件並不寬裕，而他又是唯一的孩子。這使得他在畢業後需要自己找工作來維持生計。這樣的情況對他而言，無異於壓在肩上的重擔。當他走出大學校門，對於職場上的一切都感到陌生與不安。家庭的負擔讓他倍感壓力，尤其在面對自己並不熟悉的工作環境時，他經常會感到自卑和迷茫。

然而，林子豪並沒有選擇輕易放棄。在父親的一番鼓勵下，他決定勇敢迎接生活中的困難。父親告訴他：「無論怎麼樣，都要相信自己能夠克服困難。」這句話對林子豪來說，成為了無形的動力源泉。即使面對著低薪與繁重的工作，他依然堅持早出晚歸，努力完成每一項任務，並在小小的機會中爭取更多的經驗。

有一天，林子豪的公司安排他去外地與潛在客戶洽談。這次差事對他來說不僅是一次重要的機會，更是一次巨大的挑戰。由於過去的經驗有限，他根本不知道如何與陌生的客

戶進行有效的溝通。面對眼前的難題，林子豪再次想起父親的話，他明白，這次的挑戰如果能夠成功，他將會更接近自己的目標。於是，他便決定用最好的狀態去面對這一切。

在那個多月的時間裡，林子豪克服了無數次的困難，從一開始的生疏到逐漸掌握談判技巧，他逐漸積累了信心，最終成功簽下了合同，並為公司帶來了豐厚的業績。這不僅讓他在公司中站穩了腳跟，也讓他贏得了上司的認可。後來，林子豪得到了升職，成為了公司的行銷主管，並且逐漸開創了屬於自己的事業。

林子豪的經歷讓我們明白，生活中的困難有時候並不是無法戰勝的。它們反而是我們成長的一部分，挑戰我們突破自我，激發潛力。就像我們在人生的戰場上，面對困難和挑戰時，唯有勇敢面對，才能在困境中找到成長的契機。

許多成功背後都隱藏著一次又一次的挑戰與困難。當遇到困難時，很多人會選擇退縮，因為他們害怕失敗，或者覺得自己無法克服眼前的難題。但事實上，困難本身並不可怕，真正可怕的是我們放棄挑戰、逃避問題。當我們選擇勇敢面對困難時，我們的視野會更開闊，解決問題的能力也會隨之提高。

一位名叫黃志杰的中年人，也曾經經歷過職場上的巨大挑戰。黃志杰原本在一家大公司工作，憑藉著多年來的經

驗，他的職位逐漸上升。但隨著公司經濟狀況的變化，他的工作壓力也越來越大。在一次突如其來的裁員潮中，黃志杰被告知即將面臨失業的命運。當時，他面對著未知的未來，心中充滿了焦慮與恐懼。但他深知，這不是結束，而是一個重新開始的機會。

黃志杰沒有停留在困境中，而是決定將這次失業的經歷視為一次重新思考未來的契機。他開始自學新技能，參加各種職業培訓，並最終進入了一個新興行業。如今，他已經創立了自己的公司，並且在這個全新的領域中取得了顯著的成就。他的故事告訴我們，面對困難時，最重要的是保持冷靜，並且將挑戰轉化為改變自己命運的機會。

當我們面對生活中的各種挑戰時，如何調整自己的心態，如何去戰勝眼前的困難，是每個人都必須學會的。首先，最重要的一點是要學會看待困難的方式。困難並非天注定，而是我們成長和突破的過程。因此，每一次挑戰，都是一次積累經驗、提升自我能力的機會。

在這個過程中，我們也應該學會調整自己的情緒。過多的焦慮和擔憂，只會讓我們更加迷失方向。相反，保持樂觀的心態，專注於解決問題，才能提高成功的機會。此外，與他人合作與請教他人也是非常重要的。往往，我們的困難不是完全無解的，透過與他人的交流與合作，我們可以找到更

多的解決辦法,並在過程中學習和成長。

　　最後,我們要學會自我激勵。每當困難來臨時,不妨提醒自己:這是對自己的一次挑戰,也是自我提升的機會。只有在困難面前不退縮,我們才會獲得成長,並逐步走向更高的層次。

　　困難從來不會消失,生活中的挑戰也永遠存在。但如果我們能夠以勇氣面對,並將困難視為提升自我的機會,那麼我們必定會在每一次的挑戰中,收穫不斷成長的力量。相信自己,並勇敢迎接每一次困難,我們將會在這條人生的道路上,越走越遠,越來越強。

## 第三章　職業潛能的探索與開發

## 挑戰自我，突破極限

　　許多初入職場的年輕人，常因為對未來的未知感到不安，或是擔心自己在工作中會犯錯，往往會壓抑自己的想法，盡量避免冒險，完全跟隨他人的指示。這種害怕冒險的心態，讓他們逐漸喪失了主見，變得優柔寡斷，甚至有時無法做出明確的決策。這不僅會影響他們的工作效率，也可能使他們錯失一些可以展示自己才能的機會，最終導致職業上的停滯不前。

　　有一位名叫陳嘉恩的年輕人，剛畢業時進入了一家新創公司擔任市場行銷助理。對於這份工作，陳嘉恩有許多創意和構想，然而，由於剛進公司，他對公司營運模式不熟悉，又擔心自己的建議不被接受，因此他常常選擇保持沉默，並且聽從上司的指示，避免自己成為焦點。這使得他在工作中變得被動，不敢表現出自己的創新能力。

　　直到有一天，當公司面臨一個重要的行銷專案時，陳嘉恩本來有一個突破性的想法，但他依然沒有勇氣提出來，而選擇了讓同事提出方案。結果，這個專案最終未能如預期般成功，這讓陳嘉恩感到深深的失落。

然而，這一次失敗並沒有讓他放棄，反而成為他職業生涯中的一個重要轉折點。回顧過去，他發現自己一直未能敢於挑戰自己的極限，總是太過保守。於是，他決定改變自己，開始主動參與公司的決策過程，提出自己的想法與建議。慢慢地，他的意見開始被重視，並且在隨後的一個行銷專案中，他提出的創意不僅成功推動了公司產品的銷售，也讓他獲得了晉升的機會。這次經歷讓陳嘉恩明白，挑戰自己，勇於冒險，不僅能夠幫助自己突破困境，也能夠讓自己成長為一位更有信心的職場專業人士。

在職場中，很多人常常會因為害怕失敗而不敢挑戰自己，進而讓自己處於被動的狀態。李雯，一位來自台中市的年輕職場新人，也曾經面對過這樣的困境。李雯在一家大型設計公司擔任初級設計師，雖然她的設計能力相當出色，但每次上級交代的任務，她總是小心翼翼地按照別人的要求完成，從不敢提出自己的創意和建議。她的設計作品雖然符合要求，但卻總是缺少突破性和創新性，因此未能得到更多的關注和認可。

有一次，公司的高層要求設計一個新的產品包裝，李雯明明心中已有一個獨特的創意，但她還是擔心自己提出的方案會被拒絕，於是選擇放棄自己的想法，遵從團隊的建議。然而，當其他設計師提交的方案被公司高層駁回後，李雯才

## 第三章　職業潛能的探索與開發

明白，自己當初那個被忽視的創意，或許才是最能突破市場的設計。這一次的經歷深深打擊了李雯，但也讓她下定決心不再輕易放棄自己的想法，開始學會在工作中挑戰自我，提出自己的獨特見解。隨著她勇於表達自己的意見，李雯逐漸成為團隊中最具創新性的設計師之一，並且在之後的工作中獲得了更多機會。

挑戰自我並不意味著要冒險，而是要勇敢地走出自己的舒適區，去實現自己的想法，並且敢於承擔風險。有時候，正是因為敢於挑戰自己，我們才能在眾多平庸的方案中脫穎而出，實現自我突破。

人生和職場中的挑戰無時無刻不在，然而，當我們習慣性地依賴他人的指示，放棄對自我的挑戰時，我們就會錯失許多成長的機會。

就像年輕的工程師小林，他剛進入一家科技公司時，對自己並不自信，總是小心翼翼地做事，總覺得自己的一些創新想法會被同事和上司否定。結果，這種畏懼挑戰的心態讓他錯失了許多本可以展示自己才能的機會，甚至一度陷入迷茫。

但是，隨著時間的推移，小林逐漸意識到，想要在職場中取得成功，就必須擁抱挑戰，並不斷突破自我。他決定開始主動提案，挑戰傳統的做法，並且敢於對現有的設計方案

提出自己的觀點。最初的幾次提案並不順利,但隨著他持續改進自己的想法,最終得到了主管的支持,並且被賦予更多的責任。最終,小林成功設計出了一個創新型的產品,並且獲得了公司內部的嘉獎。

挑戰自己是一個不斷試探、實踐和改進的過程。成功的關鍵,不是擔心失敗,而是要敢於承擔風險、迎接挑戰。正如一句話所說:「走錯一步,比永遠不走要好。」只有敢於挑戰自我,我們才能在困難面前不退縮,成為更加優秀的人。

每個人在職場中都會遇到不同的挑戰,如何應對這些挑戰,往往決定了我們能否突破現有的瓶頸,實現自我成長。挑戰自己,不是盲目冒險,而是要勇敢地走出舒適區,擁抱每一個可能帶來變革的機會。無論是職場新人還是已經工作多年的老員工,只有不斷挑戰自我,才能在激烈的競爭中脫穎而出,最終成就自己的未來。

# 第三章　職業潛能的探索與開發

# 第四章
# 開創新天地

　　在許多職場上，特別是當企業或個人經歷轉型困難時，許多年輕員工面臨著文化斷層與職場適應的挑戰。這種情況使得他們在職場中感到困惑與迷茫，進而產生了跳槽的衝動。雖然寬鬆的社會環境為他們提供了轉換工作的機會，但是其中很多人並不確定自己真正的職業目標，甚至不清楚自己未來應該走向何方。這樣的情況往往會讓他們的跳槽之路走得並不順利。

## 第四章　開創新天地

## 要跳槽還是堅守原地？

以陳宏為例，他在大學畢業後進入一家國際貿易公司擔任業務代表。在這家公司工作了五年後，陳宏的業績始終保持在公司中等水平，他並不滿足於這種穩定，但也不確定是否該繼續待在這家公司。他的升遷似乎受到了限制，雖然努力工作，卻始終未能突破更高的職位，並且與公司中高層的溝通也越來越少。他意識到自己似乎遇到了職業瓶頸，無法再繼續進步。

面對這樣的情況，陳宏一度考慮換工作，尋找更具挑戰性的機會。然而，當他冷靜下來思考自己的情況時，他發現自己缺乏對業務之外的其他職能的了解，也沒有掌握企業內部運作的更高層次知識。因此，他決定不再盲目跳槽，而是選擇在現有公司內部突破，主動請求負責一個跨部門的合作專案，以增加與高層的接觸與合作機會，並透過新的專案來展示自己的多面能力。

陳宏的選擇最終帶來了驚人的轉變。透過這個專案，他得到了更多的曝光機會，並成功獲得了晉升的機會。這也讓他理解到，職業發展不應該僅限於升職或跳槽，應該從長遠角度考慮如何在工作中尋求新機會，開拓更多發展空間。

年輕人面對職業瓶頸時，跳槽看似是最快捷的解決方案，但其實並不總是最理智的選擇。跳槽不僅有風險，還可能讓你在短期內改變了工作環境，但並未根本解決職業發展上的瓶頸。真正的突破，往往來自於對自己職業生涯的深刻認知和長期規劃。當我們在某個職位上遇到瓶頸時，應該冷靜分析自己當前的狀況，思考如何提升自己，開發新的技能，或是主動尋求新的挑戰，而非一味逃避。

職業發展需要我們保持持續的學習與成長，對於職場中的每一個挑戰，我們應該積極應對，並將其轉化為提升自我的機會。透過加強專業能力、擴展人脈、尋求內部挑戰等方式，我們可以突破瓶頸，開創屬於自己的新天地。

## 六個決定是否跳槽的關鍵問題

在職場中，當你感到困惑時，可以問自己以下六個問題，幫助自己做出是否跳槽的決定：

### 1. 是否還有當初的熱情？

回顧當初選擇這份工作的動機，是否還能喚起你內心的熱情？

### 2. 是否被認可？

你是否覺得自己的努力得到了應有的認可，是否在工作中取得了進步？

## 第四章　開創新天地

### 3. 是否能夠看到未來的發展？

你是否對未來的職業生涯感到樂觀，是否看到升遷或職位提升的機會？

### 4. 是否能繼續學習與成長？

這份工作是否能夠提供你繼續學習與成長的機會，幫助你提高專業能力？

### 5. 是否感到快樂與滿足？

工作是否讓你感到充實與滿足，還是讓你感到壓力山大？

### 6. 是否仍然忠於當前的職位？

你是否仍然對目前的工作感到忠誠，還是已經開始尋求新的機會？

這些問題能夠幫助你反思自己的職業選擇，理解是否需要跳槽，或是改變自己目前的工作方式，進而做出符合自己職業發展的選擇。無論是否選擇跳槽，都應該依據自身的需求與目標來決定，理性處理每一步職業選擇。

## 不要盲目追隨

在現今的職場中，跳槽已經成為不少年輕職場人的選擇之一，很多人曾經或正在考慮過換工作。然而，盲目的跳槽往往會帶來職業上的更多困境，並且很容易陷入職業瓶頸。許多人在選擇跳槽時，往往關注的是當前熱門的行業或是更高的薪水，而忽略了自己的興趣、專業背景和長期職業目標。這樣的決定可以讓人感到短期的成就感，卻難以帶來長久的職業發展。

有些人在跳槽時，僅僅因為看到了其他人成功的案例，便盲目跟隨，試圖進入熱門行業。這些人往往對新工作的華麗外表過於樂觀，但卻忽視了背後所需的專業知識和實際挑戰。結果，大多數人不僅沒有獲得預期的高薪或高職位，反而浪費了時間和精力，不斷在不同的公司間徘徊，最終仍處於起步階段，無法真正突破自己。

阿信是一個非常典型的例子。他在大學畢業後加入了一家小型科技公司，起初，他對自己的工作充滿熱情，並且對未來的發展抱有很高的期望。然而，隨著時間的推移，他發現自己的工作內容越來越單一，升遷的機會也變得非常渺茫。對此，他開始感到不滿，並且認為自己可以找到一個更

## 第四章　開創新天地

好的機會。於是，阿信決定跳槽，並且加入了一家知名的大公司。

一開始，阿信對新公司充滿了期待，他覺得自己終於進入了更高層次的職業舞台。然而，幾個月後，他發現自己並未像想象中那樣迅速適應新環境，反而因為與新同事的合作磨合不順利，自己陷入了工作中的困惑和挫折。結果，他在新公司待了不到半年便決定再度離開。這一次，雖然他成功找到了一份薪資更高的工作，但他的職業生涯卻也因此陷入了不斷變動的狀態，始終無法穩定發展。

盲目的跳槽不僅無法解決問題，反而可能讓職業生涯進入死胡同。跳槽的過程中，雖然薪水和職位有了改善，但工作環境和適應過程中的困難也帶給他更多的壓力。如果一個人在選擇跳槽時沒有清晰的職業規劃與目標，那麼這樣的跳槽對職業發展的幫助將是有限的。

跳槽並不是一個解決所有問題的萬能法寶，尤其是當我們對職業生涯的規劃不夠清晰時，跳槽可能只會讓我們失去方向，最終將自己困在一個瓶頸期。跳槽應該是根據自身的職業目標和需求來做出的選擇，而非因為短期的不滿或外界的誘惑而做出的衝動決定。

當我們覺得職業發展受阻時，最重要的首先是反思自己當前的工作狀況，理解自己真正的不滿來源，是工作內容的

單一,還是職業目標的不明確。如果是因為缺乏挑戰,可以嘗試在現有公司內部尋求新的機會,主動申請跨部門合作,提升自己的專業能力;如果是因為職業目標不清晰,那麼就需要重新思考自己未來的職業方向,並根據這個方向做出合適的職業選擇。

跳槽並非解決所有問題的捷徑,選擇跳槽的時候,我們應該清楚自己的職業目標以及該怎麼去實現它。每一步的職業選擇都應該是有意識、有目標的,而不是盲目地跟隨他人的腳步或僅僅為了更高的薪水。只有這樣,我們才能將每一次的跳槽轉變為實現自我價值和職業目標的跳板,最終走向更加穩定和有前景的職業道路。

總而言之,跳槽並不是為了跳槽,而是為了職業發展的深思熟慮選擇。只有當你確定自己的職業目標,並且瞭解自己所處的職業環境,跳槽才會是一個有意義的過程。

## 第四章　開創新天地

### 確立方向再跳槽

跳槽，幾乎是每個職場人都會經歷的過程，合理的職業流動有助於企業在不同發展階段引入合適的人才。然而，隨著社會的浮躁，越來越多的職場人將跳槽視為獲得短期利益的一個手段。許多人希望透過頻繁跳槽來迅速提高收入或職位，企圖在最短時間內實現職業上的突破，這樣的做法往往會陷入跳槽的惡性循環。

小林是一位畢業於國際貿易學系的年輕人，剛畢業時，他對貿易行業充滿了熱情，於是進入了一家貿易公司擔任業務代表。在初入職場的幾年裡，儘管他有不錯的工作表現，但他認為自己的工作沒有多大的挑戰，薪水也沒有顯著增長。於是，他選擇了跳槽，先後加入了兩家公司，目的是尋找更高的薪水和更高的職位。

然而，每一次的跳槽，儘管他薪水有所增加，但工作環境和團隊氛圍卻讓他越來越不適應。每當新工作剛有些起色時，他就會因為某些原因選擇再次跳槽。最終，他的職業生涯陷入了迷茫，沒有固定的職業方向，也無法在職場上建立長期穩定的基礎。回顧這些年，他發現自己並未獲得預期的職業成就，反而在不斷變換的職位中丟失了對自我能力的認

知，最終淪為了一名頻繁跳槽的職場人士。

頻繁跳槽並不能解決職業瓶頸，反而可能讓人陷入職業迷茫的困境。跳槽的關鍵在於是否有清晰的職業規劃，跳槽的動機是否是出於對未來目標的明確追求，而非逃避當前的困難。

李佳是另一個職場例子。李佳畢業後加入了一家中型企業擔任財務專員，工作穩定，薪資也能滿足基本需求。然而，她發現自己在這份工作中的發展空間有限，工作內容也開始變得重複單調。面對這樣的情況，李佳開始考慮跳槽，但她並沒有盲目跟風，而是先進行了深刻的自我反思和職業規劃。

李佳首先評估了自己的專業能力和職業目標，並確定自己未來希望在財務管理領域取得更高的成就。因此，她選擇跳槽至一家大型企業，並且事先深入了解了這家公司的文化、發展前景以及所需的工作能力。她的跳槽不僅僅是為了更高的薪水，而是出於對職業發展的長期規劃。經過這次有目的的跳槽，李佳成功進入了她理想中的領域，並且在新的工作中取得了穩定的職業成長。

跳槽的關鍵不在於是否跳槽，而是在於能否做好職業定位。跳槽應該基於自身的職業目標和需求，而不是隨意地變換工作。職場人士在考慮跳槽之前，應該首先思考自己未來

## 第四章　開創新天地

想要達到的職業目標,並根據這個目標來做出跳槽決定。

首先,職場人士需要明確自己的職業方向和興趣,了解自己在市場中的競爭優勢。其次,跳槽者應該了解新公司的實力、文化和發展潛力,確保自己能夠在新環境中發揮優勢。最後,對即將從事的職位進行充分了解和準備,確保自己能夠順利融入新環境,並取得更好的職業發展。

頻繁跳槽可能會讓職場生涯進入一個死循環,對於未來的職業規劃反而帶來更多困惑和挑戰。跳槽應該是一個經過深思熟慮的選擇,而不是逃避現有困境的手段。當你選擇跳槽時,應該對自己的職業規劃有清晰的認知,並且做好充分準備。這樣的跳槽,才能夠真正促進職業生涯的發展,幫助你達到更高的職業目標。

## 別在半年內跳槽

在職場上,很多人會經歷跳槽這個過程,特別是當工作不如意時,跳槽似乎成為了解決問題的快捷方式。然而,跳槽並不是總能帶來預期的結果,尤其是在缺乏充分準備的情況下,盲目的跳槽只會讓職業生涯陷入困境。因此,有經驗的職場人會提醒自己:在初入新職半年內,千萬不要輕易跳槽。

當今社會,跳槽被視為職業發展的一部分,許多人認為跳槽能帶來更好的機會和更高的薪水。雖然這種想法並非有錯,但如果在跳槽前未進行充分的準備,反而可能讓你陷入更大的困境。一名年輕的設計師小林,在一次工作中對自己的發展感到不滿,因為無法承擔更具挑戰的設計項目。他聽說一家知名設計公司提供的薪資和職位都很好,於是決定辭職加入那家公司。

剛開始,這家公司確實提供了他較高的薪水和更具挑戰性的項目,但很快他發現,這家公司對員工的要求過於嚴格,工作時間長且壓力大。在短短幾個月內,小林感到精疲力竭,甚至開始懷疑自己當初的決定。他選擇再次跳槽,但最終並未能獲得更好的職業發展,而是陷入了一個惡性循環。

跳槽並非萬能。許多跳槽者未對自己的職業生涯進行充

## 第四章　開創新天地

分的思考，僅憑短期的利益或者他人的建議作出決定。這樣的跳槽往往會讓你從一個困境跳入另一個困境，甚至讓自己的職業生涯越來越難以擺脫困境。

那麼，什麼時候跳槽才是正確的選擇呢？首先，跳槽者應該清楚了解自己的職業目標，並根據這些目標來選擇是否跳槽。如果一份工作未能帶來發展機會，或者工作環境令你感到不適，那麼跳槽或許是一個選擇。然而，跳槽前應該有一個充分的職業規劃，了解自己未來希望發展的方向以及需要哪些資源和環境。

一位成功的企業經理陳先生，曾經在自己的職業生涯中經歷過多次跳槽，但每一次跳槽前，他都會先思考自己未來的目標，並且確保新工作能夠幫助他達到這些目標。陳先生不僅僅關注薪水或職位的變動，更多的是關注新工作的挑戰性、學習機會及是否能促進自己在職業道路上的成長。正是這種深思熟慮的跳槽策略，讓他在每次轉換工作時，都能夠穩定發展並快速適應新環境，最終取得成功。

跳槽不應該是逃避當前困境的方式，而是職業發展中的一個選擇。若你在工作中遇到挑戰，應該首先反思自己是否已經做好充分準備，並且尋找是否有其他方法能夠改變現狀。很多人急於跳槽，常常是對現狀過於不滿或對未來過於焦慮，這樣的心態往往會使得跳槽變成一種逃避行為。

# 跳槽的智慧

在職場上，跳槽已經成為許多人職業發展的一部分。隨著現代社會的變遷，越來越多的員工會選擇跳槽來尋找更好的機會。然而，跳槽並不是解決所有問題的萬能法寶。跳槽前，如果沒有充分的自我定位與規劃，往往會適得其反，讓自己的職業生涯陷入困境。因此，跳槽前需要謹慎思考，避免盲目行動。

## 跳槽之前問自己幾個問題

(1) 你為什麼想跳槽？是薪水不夠高，還是工作環境不合適？
(2) 你對目前的工作是否有不滿？如果有，那些不滿是具體的、可以改善的，還是無法改變的？
(3) 你的專業能力和職業目標是否與新公司的需求匹配？
(4) 跳槽是否能解決你當前的職業瓶頸，還是會讓你面臨更大的困境？
(5) 新公司的工作環境、文化和團隊合作氛圍是否適合你？

如果你對這些問題的回答並不明確，那麼就應該再花些時間思考，而不是輕率地做出跳槽的決定。

## 第四章　開創新天地

　　跳槽帶來的並不僅僅是薪水和職位的變化，還可能有很多看不見的風險與成本。首先，跳槽可能會讓你從原本熟悉的環境轉到一個全新的領域，這樣的轉變不僅需要時間來適應，還可能在短期內影響到你的工作效率和職業發展。其次，跳槽的過程中，你可能會失去之前在公司積累的社會資本和信任，這些都是建立職業生涯的寶貴資源。

　　跳槽不應該是一時的沖動，而是職業發展中的一個策略。理性規劃、深入分析自己的優勢與目標，才是職業發展的關鍵。盲目跳槽無法帶來真正的職業突破，反而會讓你失去寶貴的職業積累。在跳槽之前，應該明確自己的職業定位，了解自己的需求與目標，並且選擇一個能夠讓自己長期發展的工作環境。職業生涯是一場長期的馬拉松，只有做好準備，才能夠在職業競爭中立於不敗之地。

# 跳槽的四個步驟

跳槽是現代職場的一個普遍現象，許多人將其視為職業發展的重要途徑。然而，並不是每一次跳槽都能夠達到預期的職業目標。成功的跳槽並非一蹴而就，而是需要深思熟慮的過程。若要跳槽成功，必須遵循一個理性規劃的四個步驟。

## 第一步：自我評估與目標設定

跳槽前，首要的任務是進行自我評估，這是理性規劃的基礎。了解自己的專業優勢、能力水平以及職業目標，是成功跳槽的關鍵。跳槽不應該是一時衝動或逃避眼前困境的反應，而應該是對自我職業發展的清晰認知。確定自己為何想跳槽，尋求的是哪些職業上的變化，這些都應該在跳槽前仔細考慮。

## 第二步：深入了解潛在新工作

跳槽並非只看薪水與職位，還需要深入了解新公司的發展潛力與工作環境。許多人在跳槽時只關注新公司給出的待

遇和職位，但往往忽略了這些公司是否適合自己長期發展。跳槽前，必須清楚地了解新公司是否能提供合適的工作內容、文化以及晉升機會。

## 第三步：掌握跳槽時機

選擇正確的跳槽時機至關重要。在你考慮跳槽時，應該評估自己在當前工作的發展潛力和時機。如果目前的工作尚未能發揮所有潛力，或者經歷了長時間的職業瓶頸，跳槽可能會成為尋求突破的有效途徑。但如果你在當前工作中還能繼續學習和積累，則應該再等一段時間，準備好實力再進行跳槽。

## 第四步：負責任地完成交接工作

跳槽後，不能忽略對原公司工作的交接。這不僅是職業操守的體現，也有助於保持職業形象和維護長期的人脈資源。即便你已經決定離開，依然應該對公司保持一定的責任感，確保自己的工作交接順利完成。這不僅能幫助你與原公司的同事保持良好關係，也能讓你未來在這些人脈中獲得更多支持。

跳槽是一個需要理性思考的職業決策過程。成功的跳槽並非簡單的跳出現狀，而是要深入了解自己、清晰職業目

標並選擇正確的時機。每一次跳槽都應該是職業發展的一步棋,而不是急功近利的選擇。在這個過程中,做好自我定位、充分了解新機會、掌握跳槽時機並負責任地完成交接,都是成功跳槽不可或缺的要素。只有這樣,你才能實現職業目標,穩步發展,最終達到職業生涯的巔峰。

## 第四章　開創新天地

# 讓跳槽之路更加順利的三大途徑

在職場中，跳槽常常被視為進步的一個選項，但並非每次跳槽都能如預期般順利。許多人在跳槽過程中遇到挫折，並非因為能力不足，而是因為缺乏清晰的規劃與準備。為了幫助職場人士避開常見的陷阱，以下是三種有效的途徑，讓你能在跳槽過程中更穩定、更成功。

## 一、人脈資源的有效運用

職場人士無論處於何種職位，都應該積極經營自己的人脈。這不僅能幫助在工作中獲得更多的合作機會，甚至能在跳槽時得到更多的支持和推薦。事實上，許多成功的跳槽案例，背後都有強大的人脈資源作為支撐。

保持與同行的聯繫和建立廣泛的人脈網絡，是跳槽過程中至關重要的一環。透過這些關係，你不僅可以得到更多工作機會，還能在競爭激烈的職場中脫穎而出。

## 二、在社交場合中尋找機會

對於性格外向的職場人士來說，社交場合提供了一個展示自我的好機會。許多人在派對或聚會中，無意間與同行或

業內大佬建立了聯繫，這些互動可能會成為跳槽的契機。

李浩是 IT 行業的一名專業經理人，他平時性格開朗，喜歡參加各類社交活動。某次，他在朋友舉辦的一個聚會中遇到了來自不同公司的多位高層，其中一位人力資源總監對他印象深刻。在接下來的交談中，李浩與這位總監分享了自己在管理與 IT 技術方面的專業見解。正是因為他在派對中的表現，這位總監後來向他推薦了一個高級管理職位，並且讓他加入了另一家企業。這樣的經歷充分顯示了社交場合中的潛力，透過展示自己的專業能力與積極態度，李浩在不經意間找到了更好的工作機會。

## 三、與獵頭公司建立長期聯繫

許多職場人對獵頭公司的印象往往是「高薪職位的直達車」，但與獵頭公司建立長期聯繫並非一蹴而就。事實上，獵頭公司與求職者之間的良好溝通，是成功跳槽的關鍵之一。

剛從海外回國的黃敏在國際知名建築公司擔任過中層管理職位，並且在該行業內積累了豐富的經驗。回國後，他與一家獵頭公司進行了多次接觸，並逐步建立了信任。儘管最初獵頭公司並未立刻為他提供合適的職位，但他耐心等待並且與獵頭保持聯繫。在一次偶然的機會中，獵頭公司為他提供了一個理想的高層管理職位，並且幫助他成功跳槽。這樣

## 第四章　開創新天地

的經歷提醒我們,與獵頭公司保持良好的聯繫、展示出自身的專業和耐心,能讓你在職業生涯中更有競爭力。

跳槽並非唯一的職業選擇,理性規劃的跳槽能夠幫助職場人找到更適合自己發展的舞台。透過有效的人脈運用、社交場合的機會捕捉,以及與獵頭公司的長期聯繫,職場人士可以在職業生涯中走得更穩、更遠。記住,成功的跳槽並不僅僅依賴外部機會的出現,更在於對自己職業定位的清晰認知與理性選擇。

# 第五章
# 薪水更上一層樓

　　隨著年齡的增長,許多職場人士會開始進入「而立之年」,這一階段的顯著代表往往是升職加薪。可是,究竟要成為怎樣的員工,才能引起老闆的注意,獲得升遷機會?又該如何巧妙爭取這些機會?隨著個人實力和素質的提高,掌握一些「高薪秘訣」,你就能在職場中一路高飛。

# 第五章　薪水更上一層樓

## 你值多少錢

在競爭激烈的職場中,如何衡量自己的價值呢?想像一下,你在超市挑選牙刷,貨架上琳瑯滿目的牙刷讓你無法抉擇,但突然有一款附帶贈品,這樣的附加價值往往能讓你做出最終的選擇。換句話說,身為一名職場人士,如果你和其他同事的能力相差不大,你需要想辦法為自己加點「附加價值」,讓自己變得更加無可替代。當你具備了行業內所需的專業能力、溝通技巧或其他關鍵技能,你的身價自然會水漲船高,這樣不僅能讓你脫穎而出,還能更容易爭取到高薪和升遷機會。

對於許多職場人士來說,薪水往往是他們跳槽或尋找更好職位的主要動力。根據調查,60%的職場人士選擇跳槽的原因是對薪水的不滿。那麼,如何才能讓自己成為高薪人才呢?

首先,必須提升自身的核心競爭力,讓自己在職場上不可替代。

以曾經從事銷售的王浩為例,他年輕時就進入了一家知名公司擔任銷售員,起初工作表現並不突出,但隨著經驗積累,他逐漸掌握了銷售技巧並學會了如何與客戶溝通。最

終，他成為了銷售部門的骨幹，並被公司升職為銷售經理。更重要的是，王浩不僅具備了行業內的專業知識，還能夠運用數據分析和市場趨勢來為公司制定銷售策略，這使得他成為公司中不可或缺的核心人物，最終成功跳槽並獲得了更高的薪水。

高薪並不是隨便就能獲得的，它需要有足夠的專業能力和知識儲備。回顧王浩的經歷，當他意識到自己在某些領域的技能不夠時，他選擇去進修，參加相關的行業培訓，並且努力去掌握新的技能。這樣，他不僅提升了自己的工作能力，還在職場中建立了強大的競爭力。

此外，在現代企業中，許多公司不僅關注員工的專業能力，還會看重員工的領導力和溝通能力。因此，提升你的職場軟技能，比如團隊協作、領導力發揮等，對你的薪水增長也有很大幫助。如果你能在這些方面展現出色的表現，將會給自己加分，並且讓自己更容易獲得升職和加薪的機會。

想要實現職業上的高薪和升遷，首先要提高自己的核心競爭力，並且要有清晰的職業規劃。了解自己的價值，並專注於提升那些能夠讓自己在職場中脫穎而出的技能，這樣才能讓自己在競爭激烈的職場中立於不敗之地。高薪並非遙不可及，只要你不斷努力提升自己，定能實現更高的薪水和更豐富的職業成就。

第五章　薪水更上一層樓

## 提升「薪情」的策略

隨著全球經濟的不確定性與職場競爭日益激烈，薪資已不再只是單純的工作報酬，它更是衡量個人職業價值與市場競爭力的指標。對於每一位職場人士而言，提升薪水的過程並非一蹴而就，而是需要從職業規劃、專業能力、行業趨勢以及與主管的良好互動等多方面入手。那麼，如何在現有的職場環境中，讓自己的薪水不斷攀升呢？

### 1. 確立清晰的職業目標與發展路徑

薪資的增長離不開一個長遠的職業規劃。若對自己的職業方向不夠清晰，將很難在職場中有所突破。要設定短期和長期的目標，並根據市場需求進行動態調整。每個階段的職業規劃都應該與自身能力的提升相匹配。你需要明白，為何選擇某個行業，在哪些領域能發揮專長，以及如何利用現有的資源達成這些目標。

### 2. 發揮核心競爭力，創造不可替代的價值

在一個競爭激烈的市場中，核心競爭力是職場人士獲得高薪的重要依據。這不僅是專業技能的提升，也包括問題解決的能力、人際交往的技巧，以及創新思維的發揮。你的專

長越明確，越能幫助公司解決具體問題，這樣的職位才會更具價值。

### 3. 用成果說話，展示你的價值

對於希望加薪或升職的員工而言，最有力的武器就是具體的業績成果。單純的口頭陳述往往不如具體數字來得有效。每一項工作成果都應該以數據為基礎，並且能夠清楚地反映出你的貢獻。如果你能夠定期向上司展示這些成果，無疑會增加加薪的機會。

### 4. 積極爭取發展機會，避免「安於現狀」

在職場上，長期的薪資停滯通常意味著你已經處於一個舒適區，並且未積極爭取更多的發展機會。若你總是習慣於「安於現狀」，那麼你的職位與薪水將會長時間保持不變。應該定期回顧自己的職業目標，確保自己持續向上發展，尋找能夠讓你提升技能和擴展人脈的機會。

### 5. 薪酬談判技巧：掌握主動權

薪酬談判是每個職場人必須學會的技能。當你積累了足夠的工作經驗和成果後，主動要求加薪並不應該是難事。在談判中，首先要清楚自己應得的薪水範圍，其次要把你的貢獻和優勢充分展示出來，讓對方無法拒絕。

想要提升薪水，並不單單是提升自己的工作時間或年

## 第五章　薪水更上一層樓

資，更重要的是從自我定位到職場策略的綜合運用。清晰的職業目標、明確的競爭力提升以及有效的成果展示，將幫助你在職場中脫穎而出。記住，在這個競爭激烈的時代，只有不斷提升自我，並學會展示自己的價值，才能真正實現薪水的提升，並且邁向更高的職業高峰。

## 找準加薪的方向

薪資對每位職場人士而言,不僅是生活費的來源,它還反映了你的職業價值、工作成果和市場競爭力。根據多項調查,許多上班族對薪資不滿意,因為他們感到自己付出的努力與收入並不成正比。如何打破這種困境,讓自己能夠在職場上獲得應有的回報?要想提高薪資,首先需要找到一條清晰的職業發展路徑,並且確定自己的優勢,才能在職場中實現真正的價值提升。

### 打探你的市場行情

在尋求加薪或跳槽之前,了解自己在市場上的價值至關重要。如果你不知道同行業或類似職位的薪水範圍,則很難正確評估自己的薪水是否合理。可以透過一些方法來了解市場行情:

#### 1. 利用職業介紹所與人力資源網站

許多網站會公開各行業的薪資數據,這些數據可以幫助你了解自己所處的薪水水平,以及行業內的薪酬競爭情況。

### 2. 向同行求證

不妨向行業內的前輩或同事了解他們的薪水狀況，這樣可以幫助你對自己的薪水水平進行有效的比較。

### 3. 投遞履歷測試市場反應

如果不確定自己是否處於合理薪資範圍內，可以投遞履歷並參加面試，看看市場給予的反饋。這樣的直接反應能幫助你對自己的薪水作出更精確的判斷。

## 替你的工作表現打分數

薪資的高低與你在公司的表現息息相關。如果你能夠在工作中表現突出，尤其是具備獨特的專業能力、挑戰性與創新性，你的薪水提升的機會將會更大。要具體了解自己在公司的價值，可以考慮以下幾個方面：

### 1. 成果導向

量化你的工作成果，無論是提高銷售額、增強市場占有率，還是完成了具有挑戰性的項目，這些都可以作為薪水加薪的有力依據。

### 2. 工作挑戰與專業性

如果你的工作不僅有挑戰，還需要專業技能與知識，那麼這樣的工作將自然對應更高的薪水。

### 3. 公司對你的依賴度

如果你在公司中扮演了關鍵角色，並且是公司成功不可或缺的一部分，那麼自然會受到更高的薪酬回報。

## 準確評估工作的附加價值

除了基本薪水，還有各種福利、保險、假期等附加價值在內。如果一份工作有高薪，但在福利上不足，可能不值得跳槽。要評估工作附加價值，首先需要確保以下幾點：

### 1. 福利保障

公司是否提供合理的健康保險、年終獎金、假期福利等？

### 2. 工作環境

一個健康積極的工作環境、平衡的工作與生活，甚至是團隊的合作氛圍，都會影響到你的職業滿意度。

### 3. 未來發展空間

一份高薪的工作如果缺乏長期發展和晉升機會，會讓你停滯不前。因此，薪水和職位的提升空間應該並行考慮。

## 隨機應變，善待自己

如果你發現當前的薪水已經無法滿足需求或達到自己的預期，可以考慮透過跳槽來尋找更好的機會。然而，跳槽並

## 第五章　薪水更上一層樓

不僅僅是尋找一個更高薪的職位，還需要考慮自己的職業優勢與經驗，巧妙包裝過去的工作經歷，突出你的專業能力。若能有效展示自己的亮點，你將在面試中脫穎而出，為自己爭取到更好的職位和薪水。

吳峰是一位資深 IT 工程師，擁有多年的軟體開發經驗。他感覺自己目前的薪水水平與同行相比並不具競爭力，因此決定進行跳槽。然而，他並未單純尋找更高薪的職位，而是透過與前同事和業界內的專家保持聯繫，積極參與專業論壇和技能提升課程，並在履歷中強調了自己過去開發的項目成果和領導經驗。在新的面試中，他不僅因為過往經驗被高薪職位錄用，還成功談成了比原先更多的福利條件。

提升薪水並非一蹴而就，而是需要從對市場行情的敏感度、對自我表現的精準評估，以及對附加價值的全面考量中，積極規劃和努力。對於職場人士來說，要掌握談判技巧，靈活調整自己的職業發展方向，才會有機會實現薪水的提升。只有不斷提高自己的核心競爭力，合理評估薪水的增長空間，並善於展示自己的價值，才能在職場中走得更遠，實現自己更高的職業目標。

## 薪水與你的付出相呼應

「天下沒有白給的薪水」，這句話是每個職場人應該牢記的職業箴言。無論是在日本松下電器公司，還是任何一家致力於發展的企業，員工的付出必須與所得相符。許多員工希望獲得高薪，但往往忽視了自己是否在工作中做出了足夠的貢獻。薪水的增加不僅僅依賴於工作年資，還需要與工作表現、責任心及對公司的貢獻成正比。若想突破職場瓶頸，提升薪資，必須從自身的努力和工作態度出發。

### 付出與回報之間的關聯

許多人對於薪資的不滿，並非無道理，而是自己對付出與回報的關係缺乏清晰的認知。即便是做得再好，如果不懂得主動爭取，無論是薪水的提升，還是職位的晉升，都會顯得遙不可及。這就提醒我們，在職場中，僅僅依賴努力工作是不夠的，還需要懂得如何表現自己的價值，讓管理層看到你的貢獻。

## 第五章　薪水更上一層樓

## 如何增加你的薪資價值

想要提升薪水，首先需要認清自己在市場中的定位。那麼，如何在職場中提升自己的價值，獲得更多的薪資回報呢？

### 一、打探市場行情

要了解自己在市場上的價值，可以透過以下方式：

**1. 向同行求證**

與同行業的朋友或同事進行薪資方面的交流，了解市場行情，對自己是否處於合理的薪資範圍內有所了解。

**2. 參與面試，測試市場反應**

可以嘗試投遞履歷，參與一些面試，這樣能夠更直觀地了解自己在市場中的定位，以及同行公司的薪資水平。

**3. 付出更多，回報自然隨之而來**

職場中，付出總是與回報相對應的。想要實現薪水的增長，首先必須讓自己的付出能夠轉化為實際的成果，並且主動展示這些成果。以下是一些可以實現自我價值提升的方法：

積極主動展示成果。透過月度或季度總結、業績報告等形式，將你的工作成果具體化，用數字來展示你的貢獻。

多向上級彙報工作進展。定期向上司彙報自己的工作進

展，讓上司了解你所做的努力和成果。這樣不僅能夠加深上司對你的印象，還能幫助你在工作中獲得更多的支持。

利用他人評價。在團隊合作中，獲得同事和上司的認可非常重要。當他人對你的工作給予好評時，這不僅能提升你的自信，還能增強在公司中的影響力。

### 4. 善於自我包裝，提升個人競爭力

跳槽或在公司內部爭取加薪時，不僅要做好本職工作，還要懂得如何包裝自己的過往經歷和專業技能。有效地展示自己的特長和亮點，能夠讓自己在眾多競爭者中脫穎而出。這不僅是增加薪水的途徑，還能在職場中建立起個人品牌，為未來的職業生涯鋪平道路。

## 二、注重工作表現和專業技能

公司支付的薪水和你在職位上的表現密切相關。只有當你的工作表現優異，具備高效的執行力和專業技能時，才會有更高的薪資回報。把自己的專業技能發揮到極致，並且保持工作上的高效，會讓上司更加願意給予你加薪和升遷的機會。

## 三、準確評估工作附加價值

薪水不僅僅是基本工資，還包括其他福利、獎金和假期等附加價值。當考慮跳槽或向老闆要求加薪時，必須綜合考慮這些附加價值的保障。在尋求薪水提升的同時，不要忽視

## 第五章　薪水更上一層樓

這些額外的福利。

在現今競爭激烈的職場環境中，想要提高薪水，必須對自己有清晰的認知，懂得如何展示自己的價值，並能夠為公司帶來實實在在的回報。每一份薪水背後都有相應的付出，只有當你真正具備核心競爭力，並且在工作中付出更多的努力時，才會在職場中收穫相應的回報。要實現薪水增長，必須做好充分的準備，從積極表現到策略性展示自己，每一步都關鍵。

## 職場加薪攻略

誰不希望擁有更好的薪資待遇？但在企業打拚多年，雖然經驗與能力都在提升，薪水卻停滯不前，該如何突破瓶頸，為自己爭取應得的薪資呢？

大學畢業後，Amy 進入一家國際知名日用品公司擔任行銷企劃。三年間，她成功策劃多項創意廣告，負責大型行銷活動，甚至透過人脈為公司帶來不少商業合作。照理來說，這樣的貢獻應該獲得相應的薪資提升，然而，即便主管對她的表現讚譽有加，薪資卻遲遲沒有變動。

Amy 不願被動等待，她決定為自己爭取機會。

許多人在談加薪時容易因缺乏準備而失敗，然而，凡事預則立，不預則廢。Amy 開始做足準備，以提升加薪談判的成功率。

### 明確加薪理由

要獲得加薪，必須讓公司看到自己對企業的價值，而非僅僅因為「需要更多收入」。Amy 將自己的工作成就條列出來，包括成功的專案、為公司帶來的效益，甚至市場上類似

## 第五章　薪水更上一層樓

職位的薪資標準。透過這樣的整理，她更確信自己的價值，也讓她的加薪請求更具說服力。

### 模擬面談

列出成就後，Amy 預測主管可能會提出的問題，並邀請朋友進行模擬對話。多次練習後，她在應對突發問題時更顯從容，也能保持良好溝通氛圍。

### 選擇適當時機

適當的時機能讓加薪談判事半功倍。Amy 觀察到，公司業績正在成長，市場薪資水準也上升，而主管近期剛完成一筆重要交易，心情不錯。此外，她自己剛圓滿完成了一個大型專案，這正是展現實力、提出加薪請求的最佳時機。

準備萬全後，Amy 懷抱自信走進主管辦公室，開門見山地說明來意：「張經理，我想與您討論薪資調整的可能性。目前市場上類似職位的薪資約為六萬元，而過去兩年來，我不斷提升業績，並為公司帶來顯著效益，希望公司能重新評估我的薪資。」接著，她條理分明地列出自己的貢獻，並強調她的價值遠高於現有薪水。

主管對 Amy 的主動提出感到意外，但也認可她的努力。他問了幾個問題，這些問題正是 Amy 事先模擬過的，她從容

應對，最終成功獲得薪資調整，並且主管還對她說：「妳早點來談，或許我們更早就可以做出調整。」

加薪是一場個人與企業的價值博弈，企業希望以最少的成本留住人才，而員工則希望獲得與自身價值相匹配的報酬。因此，如何增加談判的成功率，成為職場人士必須掌握的技能。

## 自我評估：了解自身價值

**一、在提出加薪前，先對自身能力與成就進行評估，包括：**

(1) 過去一年內的主要貢獻

(2) 是否具備公司內稀缺技能

(3) 是否屬於企業核心部門或關鍵職位

(4) 若離職，是否會對企業造成影響

如果自身價值對企業具有不可替代性，那麼加薪的可能性自然更高。

**二、了解企業狀況與市場薪資**

除了個人表現，企業的經營狀況與市場薪資水準也是決定加薪成功的關鍵因素。建議事先調查：

(1) 企業近期的營運狀況，是否處於成長期

(2) 競爭對手的薪資水準

(3) 企業內部的薪酬制度與調薪機制

小型企業的薪資彈性較大,談加薪的機會較高,而大型企業則通常有固定薪酬制度,彈性較小。

### 三、掌握最佳時機

良好的時機能讓談判更具優勢,例如:
(1) 公司業績成長,財務狀況穩定時
(2) 剛完成重大專案並獲得成果時
(3) 主管心情愉快、對個人成就有正面評價時

反之,若公司業績低迷,甚至有裁員計畫,則不宜主動談加薪。

### 四、彈性應對,尋求其他回報

如果公司無法提供薪資調整,也可考慮其他方式獲得額外回報,例如:
(1) 增加績效獎金或分紅
(2) 申請更多帶薪休假
(3) 參與專業培訓或進修計畫
(4) 申請內部職位調整或升遷機會

有時,即使未能立即加薪,透過這些方式仍能獲得長期發展優勢。

### 五、保持專業態度，為未來鋪路

若加薪請求被拒絕，應冷靜應對，詢問主管：「請問我還有哪些需要提升的地方，才能達到加薪標準？」這樣不僅能獲取寶貴的職場建議，還能展現積極進取的態度，為未來加薪鋪路。

企業與個人之間的薪資調整並非單方面決定，而是一場雙向談判。要提升加薪成功率，個人應先對自身價值進行客觀評估，掌握企業狀況，選擇適當時機，並提前做好談判準備。即便未能成功，也可透過其他方式獲得等值回報，確保職涯發展穩步向前。透過這些策略，每位職場人士都能為自己謀劃「薪」願，迎接更好的職業未來。

第五章　薪水更上一層樓

## 擺脫低薪困境

近期，一項職場薪資調查顯示，薪資與職涯發展問題已成為眾多職場人士關心的焦點。其中，受訪者中認為自己薪資過低者達 18%，日常開銷超過收入者占 30%，而自覺薪資低於業界平均水準的則高達 52%。這份調查結果也反映出多數中低階職位的上班族，對自身「薪」情與未來發展充滿不安。與此同時，許多尋求職業規劃諮詢的個案也普遍面臨類似的困境——薪資未能反映個人價值，且缺乏晉升與發展空間，導致職涯停滯不前。

趙明畢業於某知名大學，學習工商管理，畢業後選擇回到家鄉附近的城市發展，並進入一家服裝製造公司擔任總經理辦公室助理。當時，他認為這家公司規模尚可，管理制度完善，能夠學習到實務技能，因此雖然薪資僅 25,000 元，他仍決定留下。

然而，工作兩年後，趙明發現公司缺乏明確的加薪制度，許多資深員工即使待了七、八年，薪資也未見顯著提升，遠遠與其付出不成正比。他的薪資僅小幅增長至 30,000 元，而工作內容與責任卻持續增加。眼見未來的薪資提升空間有限，他開始考慮轉職。

然而，趙明的求職過程並不順利。市場上的職缺多與他目前的職位相近，薪資水準亦未見顯著提升，而他理想的工作機會則難以進入。這讓他陷入猶豫，無法果斷決定是否應該離職。

第三年，公司辦公室主任離職，他順勢升遷，薪資調整至 35,000 元。然而，與同齡人相比，他的薪資僅是他人收入的一半甚至三分之一，而他的職涯發展空間似乎已見頂。如今，他對未來充滿疑問：為何自己無法找到更高薪且具發展性的工作？

許多職場人士與趙明面臨相似困境，即便擁有大學學歷，甚至畢業於國立大學，數年後薪資仍停滯不前，甚至低於部分技術工種。問題的核心不在於「努力程度」，而在於「如何努力」及「如何選擇」。

薪資水準主要受三大因素影響：個人競爭力、產業回報率、職位價值。許多上班族的薪資偏低，並非因為不夠努力，而是不清楚如何選擇適合自己的職場發展方向，也不了解自身價值在市場上的合理定位。

趙明所在的服裝製造業，本身屬於低附加價值產業，企業缺乏核心競爭力，導致能提供給員工的薪資相對較低。在這類產業，降低人力成本往往是企業生存的關鍵，因此加薪空間有限。

## 第五章　薪水更上一層樓

　　雖然趙明的工作內容繁多，但他的職位對公司營運的直接影響有限，缺乏不可取代性，因此薪資提升的空間也受到限制。要突破低薪困境，他需要調整職涯方向，選擇更具價值的職位，以提升市場競爭力。

　　薪資的增長不僅取決於當下的選擇，也關係到長遠的職涯發展。短期內，或許選擇一份薪資較高的工作可以改善現狀，但如果缺乏長期發展的空間，未來仍可能陷入職涯停滯的困境。因此，在追求更高薪資的同時，也應確保自己所選擇的平台能夠累積關鍵競爭力，為長期穩定發展打下基礎。

　　高附加價值產業（如科技、金融、數位行銷等）通常能提供較高的薪資水準，並且具備更明確的職涯發展路徑。如果目前所處產業薪資水準低，轉換至回報較高的產業是提升薪資的重要策略。

　　除了產業選擇，個人技能與專業能力也影響薪資成長。若發現自己在目前職位上的價值有限，應積極學習新技能，讓自己在市場上更具競爭力。例如，學習數據分析、專案管理或行銷策略等高需求技能，都能提升自身的市場價值。

　　跳槽或求職時，薪資固然是重要考量，但更關鍵的是工作是否能夠帶來長遠的成長與發展。選擇一個能夠提供學習機會、累積經驗的職位，往往比短期的薪資提升更具價值。

　　若發現目前的工作發展受限，可以考慮從內部升遷、轉

換至相關產業、進修取得專業認證等方式來提升競爭力。透過這些策略,能夠逐步累積經驗與價值,最終突破薪資瓶頸。

低薪並非單純的收入問題,而是職涯發展的警訊。擺脫低薪困境的關鍵,在於建立科學合理的職涯規劃,選擇具成長性的產業與職位,並持續提升個人競爭力。當我們能夠站在更高的職場視角做出選擇,薪資的成長也將水到渠成。

## 第五章　薪水更上一層樓

### 主動爭取應得薪資

對於企業來說，雇主最關心的永遠是員工的價值貢獻，而非員工的個人需求。許多無法獲得理想薪資的職場人士，並非能力不足，而是沒有主動展現自身價值，更缺乏對薪資調整的積極訴求。他們往往選擇被動等待，希望老闆能主動調薪，然而，這種方式通常難以獲得理想的結果。

瑩瑩與小涵是同期進入同一家知名企業的同事，兩人因為擁有亮眼的學歷與優異的表現，順利通過試用期，成為正式員工。剛入職時，老闆對她們讚譽有加，這讓她們感到受寵若驚，並且更加努力工作，甚至經常加班至深夜，每週工時高達 70 小時。

然而，試用期滿後，原本期待的薪資調整並未如預期落實，老闆只象徵性地增加了一些薪資，且這筆額外收入還是私下給的。她們雖然拿到比其他同事稍高的薪水，但面對高強度的工作與有限的報酬，內心仍充滿不滿與無奈。

某天，小涵向瑩瑩坦承，她已向公司提交辭呈，準備跳槽。瑩瑩原以為她是因為工作強度過高而離職，卻意外得知，小涵的薪資早已調升至 40,000 元，而自己仍停留在 25,000 元。聽到這個消息，瑩瑩驚訝又氣憤：「怎麼可能？我

們做著相同的工作,為什麼薪水差距這麼大?」

小涵淡淡一笑:「因為我敢向老闆爭取啊。妳只會拚命工作,卻從不主動要求加薪。其實,換成別人,不願加班就不會留下來,加班的人早就爭取加薪了。既然我要離開了,才告訴妳這個祕密,希望妳不要再吃虧了。」

這番話讓瑩瑩徹夜難眠,也讓她開始反思自己的職場態度。隔天,她鼓起勇氣向老闆遞交了一份書面加薪申請,並坦承自己昨晚與小涵的對話。老闆尷尬地「哦」了一聲,拿著申請書便離開了。

不久後,瑩瑩被叫進辦公室,30 分鐘後,她滿心喜悅地走了出來──她的薪資成功調升。這是她職場生涯中第一次主動爭取薪資調整,並獲得成功的經驗。

大多數企業在薪資問題上,總是「能省則省」,如果員工不主動爭取,企業不會主動加薪。就像擠牙膏一樣,你不擠,老闆就不會給。然而,職場不是等待施捨的地方,而是需要積極展現價值,才能爭取應有回報的競技場。

在現代職場環境中,低調並不一定是美德。若一個員工默默付出,卻不表現、不爭取,公司可能根本不會注意到他的貢獻,甚至將功勞歸於他人。因此,學會適時展現自己的能力與貢獻,是獲得職場成功的關鍵。

## 第五章　薪水更上一層樓

## 如何有效爭取薪資提升？

### 1. 明確自身價值

若希望獲得加薪，首先需要清楚自己為公司帶來的價值。例如，是否成功完成重要專案？是否提升公司效益？是否具備企業稀缺的技能？如果能夠量化貢獻，並清楚表達自己對企業的影響力，談判時會更具說服力。

### 2. 掌握市場行情

在提出加薪要求之前，應先調查市場行情，了解業界類似職位的薪資水準，以確保自己的要求合理且符合行業標準。

### 3. 選擇合適時機

企業財務狀況良好、業績成長、成功完成重大專案後，通常是提出加薪的最佳時機。此外，當主管心情愉悅時，談判成功率也會相對提高。

### 4. 以專業態度溝通

談薪時應保持冷靜、自信，並以數據與事實支持自己的論點，而非單純表達個人需求。與主管對話時，可以強調自己的價值與貢獻，而非單純要求加薪。

### 5. 考慮其他回報方式

若企業無法立即提供薪資調整，也可以考慮其他補償方式，如額外績效獎金、額外休假、進修補助、職位調整等，這些都能間接提升個人職場價值。

有些人總認為，只要默默努力，終有一天會被老闆賞識，然而，職場競爭激烈，沒有表現出來的努力，很可能被忽視，甚至被他人奪取功勞。勇於向公司爭取應有的薪資與待遇，不僅是一種權益，也是一種對自身價值的肯定。

職場上，真正能夠獲得晉升與高薪的人，往往不是單純「會做事」的人，而是懂得在適當時機表達自己價值，並勇於爭取合理報酬的人。因此，與其等待機會，不如主動出擊，讓自己在職場中綻放光彩。

# 第五章　薪水更上一層樓

# 第六章
# 突破職場晉升瓶頸

　　許多職場新人在畢業後進入公司，卻發現職涯發展的速度存在極大差異。為何有些人能快速獲得晉升，而有些人卻在職場中蹉跎數年，始終難以突破？職場如同戰場，機會留給準備好的人。若無法主動展現價值，爭取晉升機會，就可能陷入「職涯停滯」的困境，甚至最終被職場淘汰。

## 第六章　突破職場晉升瓶頸

## 晉升機會有限

從古至今,「人往高處走,水往低處流」是不變的法則。在進入職場後,許多人都期望能不斷向上發展。然而,當他們努力多年後,卻發現晉升之路變得愈發困難,甚至遇到了無法突破的「天花板」。

許多公司內部的晉升機制競爭激烈,特別是在中大型企業,晉升機會有限,每個職位都有大量員工在等待機會。當你發現自己在職場中努力多年,卻始終無法突破,甚至開始產生迷惘感,這就意味著你已經來到了職涯瓶頸。

張誠是一位職涯發展積極的職場人士,30歲時,他發現自己在公司內的競爭力正在逐漸下降。身邊的新進員工精力充沛,願意投入更多時間與精力,而自己雖然經驗豐富,卻發現職位停滯不前,遲遲無法再向上晉升。

他開始思考:「這就是職涯瓶頸嗎?多年來,我累積了豐富的經驗,卻發現升遷機會越來越少。」在職場競爭中,30歲後的職場人士面臨的挑戰更為嚴峻,無論是基層員工還是高階經理人,都可能陷入瓶頸,難以找到突破的機會。

職場晉升困難,並不代表毫無機會。以下六個策略能夠幫助你提升競爭力,讓晉升之路更加順利。

## 1. 明確表達職涯目標

許多員工在職場上默默耕耘，卻從未向上司表達自己的晉升目標。這樣的沉默，可能讓公司誤以為你對升遷沒有興趣。

在一家財務公司工作兩年的 Lisa，發現自己即將晉升為客戶服務經理，但卻未獲得高階專案的機會。她主動向上司表達：「我對創意與設計有興趣，願意承接新專案。」短短三個月內，她的成果獲得認可，最終成功晉升為部門副主管。

## 2. 預見問題並解決

光是做好手邊的工作，並不足以讓你獲得晉升機會。想要突破瓶頸，應該主動承擔更多責任，甚至解決公司內部存在已久的問題。

慧君在擔任人事經理時，發現公司倉庫部門的員工士氣低落，缺乏管理，她果斷地將辦公室設立在倉庫內，並培訓管理員提升技能。由於她的積極作為，公司迅速改善了內部運作，慧君也因此獲得升遷機會。

## 3. 提供建設性意見

過去，職場講求服從，而現今的企業更重視能夠提出創新意見的員工。學會在適當時機表達見解，能讓你在眾多競

## 第六章　突破職場晉升瓶頸

爭者中脫穎而出。

新上任的客戶經理李建，在公司會議上大膽建議：「我們的產品顏色應該從黃色改為灰色，因為這是市場的趨勢。」儘管他當時還是新進管理層，但他的提案獲得支持，最終成為公司最暢銷的產品之一。

## 4. 主動協助上司

建立與上司的良好合作關係，是晉升的重要關鍵。當上司信任你，並且認為你的能力值得培養時，你獲得升遷的機率將大幅提升。

阿強原本是房地產公司的低階職員，但他善於與主管合作，主動承接高難度專案。多年後，當主管離開公司轉往高階管理職時，他第一個推薦的人選就是阿強，讓他順利進入更高的職位。

## 5. 贏得同事的信任

在現代職場中，單打獨鬥已經難以成功，唯有與團隊保持良好合作，才能獲得更多發展機會。

英傑從生產線基層員工，一步步晉升至管理職，他的成功關鍵在於同事的信任。他總是積極幫助團隊解決問題，並與不同部門建立良好關係，因此在競爭中脫穎而出。

## 6. 為自己創造職位

有時候，公司內部的職位已經飽和，這時候，你可以主動提出新計畫，為自己創造升遷機會。

薩克斯頓在公司內發現某個分部長期虧損，他提出了一份完整的市場開發計畫，建議進行業務重組。高層對他的想法表示認可，直接任命他為該部門的副總裁，讓他從普通員工一躍成為管理層。

職場晉升並非單靠資歷與努力就能順利達成，而是需要主動爭取，並展現個人價值。透過這六個策略，無論是在現有公司內部尋求晉升，或是在外部尋找更好的發展機會，都能讓你在職場上更進一步，突破職涯瓶頸，迎向更高的職場巔峰。

## 第六章　突破職場晉升瓶頸

## 職場晉升的隱形障礙

在許多企業中，確實存在著所謂的「玻璃天花板」，有些甚至堅不可摧。然而，這並不代表我們無法突破，只要懂得應對挑戰，善用自身優勢，仍然有機會打破這層無形的限制，迎接更高的職涯發展。

職場競爭激烈，若遇到升遷受阻，與其沉浸在挫折與鬱悶中，不如主動出擊，找到有效的突破策略。具備強烈的信念與正面心態，往往比單純的能力更為重要，因為自信與行動力才是改變現狀的關鍵。

安琪自畢業後進入公司已多年，雖然能力不輸同期進入公司的男性同事，但她發現自己的晉升速度遠遠落後。每次晉升機會來臨時，她的男性同事總能順利晉升，而她仍被困在基層，處於職涯停滯的狀態。

職場中的性別歧視確實存在，從求職階段開始，企業對女性求職者的要求往往較高，女性若無明顯優勢，機會便會被男性候選人奪走。即使進入職場後，女性往往面臨更嚴苛的晉升標準，這讓許多職場女性在競爭中處於劣勢。

然而，女性並非沒有優勢。事實上，在現代強調團隊合作與溝通能力的職場環境中，女性在建立人際關係、促進協

作、管理衝突等方面，往往比男性更具優勢。因此，職場女性若能善加利用這些優勢，搭配強大的業務能力與企業文化的理解，仍然能在職場競爭中脫穎而出。

## 1. 展現自信，強化職場影響力

女性在職場上容易低估自己的價值，因此首先要建立自信，並大膽展現自己的專業能力與領導特質。對企業文化的深入理解也相當重要，了解公司重視哪些人才，以及職場上的不成文規則，才能在關鍵時刻做出正確決策。

## 2. 把握機會，展現自身價值

許多女性員工習慣默默工作，認為努力自然會被看見。然而，在競爭激烈的環境中，若不主動爭取機會，很可能會被忽視。因此，應該在適當時機向主管表達晉升的期望，並主動承接重要專案，讓自身價值被看見。

## 3. 善用女性特質，發揮競爭優勢

女性在職場中的溝通與協作能力往往較強，能夠建立良好的人際關係。適時利用這些優勢，不僅能提升團隊合作效率，也能讓主管與同事更願意支持你的職涯發展。

## 第六章　突破職場晉升瓶頸

米娜在日用品業從基層銷售員做起，憑藉努力與熱情，她成功晉升為銷售經理。然而，當她達到這個職位後，卻發現自己的晉升空間受限。她的直屬上司資歷深厚，不僅穩坐高位，還時常壓制她的表現，甚至將她的功勞據為己有。

面對晉升無望的情況，米娜逐漸喪失熱情，甚至開始消極應對工作。她不再積極制定銷售目標，工作時間一到便離開，不願再投入額外精力。然而，當她最終決定辭職時，公司內部突然發生變動，她的上司跳槽離開，而她的職位則由原本的下屬接任，這讓她感到無比懊悔。

面對職場瓶頸時，若缺乏耐心與策略，可能會錯失最佳的晉升時機。因此，在遇到困境時，應該先分析現狀，尋找可行的突破方法，而非輕易放棄。

## 克服職場瓶頸的策略

### 1. 分析競爭環境，找出晉升關鍵

在尋求晉升時，首先應該了解競爭對手的優勢與不足，並思考企業的晉升標準。透過觀察過去成功晉升的人員，可以找出公司看重的能力與條件，進而為自己的職涯鋪路。

### 2. 主動請纓，爭取關鍵機會

許多人習慣等待主管指派任務，然而，真正能獲得升遷的人，往往是那些主動爭取機會的人。當公司面臨挑戰時，

勇於承擔責任，提出具體的建議與解決方案，能讓主管更願意將重要職位交付給你。

### 3. 突顯對公司的貢獻

主管關心的是如何提升公司的營運效益，因此在談晉升時，應該聚焦於自己對公司的貢獻，而非單純強調個人需求。例如，可以強調自己如何提升團隊績效、改善流程、創造更高營收等，這樣的談話方式更容易獲得認可。

### 4. 積極尋求職涯發展機會

如果企業內部的升遷管道確實有限，不妨考慮透過橫向發展來提升自身價值。例如，參與跨部門專案、學習新技能、尋求外部進修機會等，都能幫助你突破職場瓶頸，為未來的發展創造更多可能性。

職場晉升的瓶頸並非無法突破，關鍵在於如何調整策略，尋找適合的方法來提升競爭力。女性在職場上雖然可能面臨更多挑戰，但只要善用自身優勢，展現自信與專業能力，並積極爭取機會，仍然可以在職場上開創更廣闊的發展空間。

無論是透過內部升遷、橫向發展，或是尋找更好的機會，最重要的是保持成長的動力，不讓「玻璃天花板」成為限制你的藉口。當你願意積極行動，為自己創造機會，未來的職涯發展將充滿無限可能。

## 第六章　突破職場晉升瓶頸

## 熟悉職場政治策略

職場晉升從來不只是靠努力與能力，政治手腕與策略性思維往往扮演關鍵角色。根據調查，37%的人因不懂職場政治而錯失晉升機會，而14%的中高層主管則透過策略性布局掌握職場命脈。這顯示，若忽略職場政治，升遷機會將變得遙不可及。

28歲的王杰畢業於知名大學的資訊工程系，第一份工作是在一家大型企業的系統整合部門，待遇不錯且專業對口。然而，兩年後，他對重複性的工作感到倦怠，失去熱情，最終選擇轉職至一家科技公司擔任軟體工程師。雖然薪資略低於前公司，但他重新找回工作的樂趣與成就感，並迅速受到主管賞識。三年後，他已晉升為部門經理，離副總經理之位僅一步之遙。

然而，公司因遭遇惡意誹謗導致業務受挫，內部運作陷入瓶頸。王杰在這場危機中，雖然積極向客戶說明情況、維護公司形象，但並未更進一步參與策略制定。最終，公司成功化解風暴，恢復正常營運，但晉升副總經理的卻不是王杰，而是行政部經理周凱。

周凱過去並未有特別亮眼的表現，甚至曾與同事發生小

摩擦,然而,在這場企業危機中,他主動參與決策,提出反擊策略,成功協助公司重建聲譽。因此,當高層考量晉升人選時,他被視為「不可或缺」的人選,直接晉升總經理,而王杰則錯失了原本屬於他的機會。

## 參與關鍵決策,成為不可或缺的核心人物

### 1. 危機即是轉機,懂得主動出擊

企業危機不只是挑戰,更是個人成長與晉升的契機。當公司遭遇困境時,若能展現解決問題的能力,便能提升自身價值,甚至一躍成為關鍵決策層的一員。

王杰的問題在於,他雖然盡責完成本職工作,卻未能主動承擔更多責任,向高層展示他的領導力。而周凱則懂得把握機會,主動介入公司決策,展現解決問題的能力,讓自己成為企業危機中的「功臣」。

### 2. 不僅要「做事」,還要「做決策」

企業高層管理者看重的,不只是員工是否能做好手邊的事,而是誰能在關鍵時刻做出影響企業發展的決策。若能參與公司策略規劃,甚至影響企業發展方向,就能從普通管理者晉升至更高層級。

王杰在公司多年,卻未能完全融入企業決策圈,對公司發展目標也不夠熟悉,因此當公司面臨瓶頸時,他的角色變

得可有可無。而周凱則抓住機會，主動參與決策，展現自己的價值，成為公司重點栽培的對象。

## 掌握職場政治，提高晉升機率

### 1. 學會適時越級處理，擴大影響力

許多職場人士認為「明哲保身」是上策，只願專注於自己負責的領域。然而，在競爭激烈的企業環境中，若缺乏主動性，將很難獲得高層關注，甚至可能與晉升機會擦身而過。

有些人將職責劃分得過於清楚，凡事「按規矩來」，結果錯失了展現決策力的機會。而真正能夠晉升的人，往往敢於突破部門限制，在企業需要時適時出手，成為不可或缺的決策者。

### 2. 讓自己成為關鍵決策層的一部分

企業高層重視的是能夠為公司創造價值的人，因此，若能在關鍵時刻發揮影響力，就能獲得晉升機會。例如，當企業面臨市場轉型、經營挑戰時，若能提出有效策略、協助解決問題，便能提高自身價值。

在某些情況下，若主管對你的能力有所疑慮，則可透過主動承擔高風險專案，來證明自己的實力。例如，某些員工在公司面對競爭對手挑戰時，勇於提出新策略，甚至幫助企業轉型，最終獲得晉升機會。

## 晉升策略：如何突破職場瓶頸？

### 1. 參與企業決策，展現策略思維

不論你的職位是基層或中階管理者，都應該嘗試參與企業的策略討論。即使你的職務與決策層級不同，也可以透過提出建設性意見，展現自己的觀察力與遠見。

### 2. 善用職場人脈，建立影響力

職場晉升並不僅限於個人能力，高層管理者更重視一個人是否能夠影響團隊、協助公司發展。因此，建立良好的職場人際關係，讓主管與同事都認可你的價值，是晉升的關鍵。

### 3. 在危機時刻挺身而出

當公司面臨困境時，正是展現自己價值的最佳時機。這時候，企業需要的不是一個執行者，而是能夠引導方向、提出解決方案的關鍵人物。若能在這種時刻發揮影響力，就能讓自己成為不可或缺的決策層成員。

晉升機會往往掌握在那些懂得主動出擊、善用策略的人手中。職場競爭不僅關乎專業能力，更涉及影響力與決策能力。

若希望突破職場瓶頸，應積極參與公司決策，展現解決問題的能力，並建立良好的人際網絡，讓自己成為公司發展不可或缺的一部分。透過這些策略，不僅能提高升遷機會，也能在職場中占據更有利的位置，迎向更高的職涯目標。

## 第六章　突破職場晉升瓶頸

## 貼近核心業務

在企業運作中，每個產業的核心業務環節不盡相同，有些以銷售為主，有些重視市場企劃、研發或生產，但不論在哪個產業，核心業務都是實現公司利潤最大化的關鍵環節，也是企業資源最集中的地方。因此，員工若能貼近核心業務發展，將大幅提升在企業中的重要性，並獲得更多晉升機會。

職場暢銷小說《杜拉拉升職記》中，主角杜拉拉透過不斷向主管報告自己的工作進度，讓老闆隨時掌握她的工作內容與價值，進而提高她在公司內部的影響力，最終成功突破職場瓶頸。這說明，若想在競爭激烈的職場中脫穎而出，必須主動讓主管意識到自己的貢獻，並將自身價值與公司核心業務掛鉤，才能獲得晉升的機會。

### 如何貼近核心業務，獲得老闆賞識？

#### 熟悉並掌握公司核心業務

唐娜在一家電腦公司擔任業務職員，公司總經理需要在她與另一名同事之間做出選擇，擢升一人為業務總監。兩人

業績相當,讓總經理一時難以抉擇,於是決定透過觀察與對話來決定人選。

一次公司聚會中,唐娜與總經理進行了一場深入對談。透過這次交談,總經理驚訝地發現,唐娜對公司的核心業務瞭若指掌,甚至能夠提出許多建設性建議。當被問及若獲得晉升機會會如何應對時,唐娜自信地表示:「這正是我一直努力的方向,我有能力勝任這個職位,並帶領團隊取得更好的成績。」

最終,唐娜成功晉升,成為公司的業務總監,而這一切並非偶然,而是她長期以來刻意培養自身的核心業務能力,讓自己具備超越競爭者的優勢。

**行動策略**
(1) 主動學習公司核心業務,熟悉影響企業營運的關鍵環節。
(2) 閱讀行業報告,研究市場數據,提升自身的專業見解。
(3) 透過與主管、同事交流,了解公司內部決策的重點與關鍵指標。

### 主動靠近核心業務決策圈

許多職場人士之所以無法晉升,不是因為能力不足,而是因為長期處於邊緣業務,未能進入公司決策核心。若想擺脫職場瓶頸,就必須主動貼近公司的核心業務,讓自己成為

## 第六章　突破職場晉升瓶頸

不可或缺的一環。

朱剛畢業後進入一家新創企業，起初只是一名普通業務員，但他並未滿足於執行基礎業務，而是主動向部門經理學習，接觸公司的核心業務。有時，他甚至主動協助主管處理重要專案，讓自己逐步累積經驗與影響力。

一年後，公司規模擴大，部門經理晉升為副總經理，而因朱剛對核心業務的熟悉程度遠超其他同事，公司便順理成章地讓他接替部門經理的職位。幾年後，當原本的副總經理選擇創業離開公司時，朱剛順勢接任公司「二把手」，完成了職場上的重大飛躍。

**行動策略**

(1) 主動接近公司決策核心，尋找與高層互動的機會。
(2) 參與公司內部會議、專案，提升對企業營運的理解。
(3) 爭取負責關鍵業務，讓主管看到你的決策與領導能力。

### 三 讓主管看到你的價值，避免被忽視

許多職場人士即使能力出色，若未能適時展現自身價值，仍然可能被主管忽視，錯失晉升機會。因此，除了努力工作外，還需要適時向主管回報工作進度，讓高層了解自己的貢獻。

**行動策略**

(1) 每月整理工作成果，定期向主管彙報，以數據支持自身貢獻。

(2) 在專案結束後主動做總結，讓主管清楚你對公司帶來的影響。

(3) 在內部會議或場合適時表達觀點，增加自身能見度。

### 培養「企業家心態」，將公司利益視為己任

成功晉升的人，往往具備「企業家心態」，不僅關注自身職責，也會從整體企業利益出發，思考如何優化業務、提升公司競爭力。

主管通常會特別青睞那些願意主動承擔責任、願意為公司長遠發展付出的員工。這類員工不僅能勝任當前職務，更具備成為管理階層的潛力。

**行動策略**

(1) 不僅專注於自己的職務，也要關注整體企業發展趨勢。

(2) 在公司內部推動改進方案，讓主管看到你的影響力。

(3) 以長遠角度思考問題，展現你具備企業管理的視野。

在企業中，晉升從來不是單純靠努力，而是取決於是否能夠貼近核心業務，成為公司不可或缺的一環。成功的人，總是懂得如何將自己的價值與公司發展緊密結合，讓主管看

到他們的潛力與貢獻。

想要突破職場瓶頸，不妨從以下幾點著手：

(1) 熟悉核心業務，提升專業能力
(2) 主動參與決策，讓自己進入管理層視野
(3) 適時展現貢獻，讓主管清楚你的價值
(4) 培養企業家思維，為公司創造更大效益

唯有主動貼近核心業務，才能在競爭激烈的職場中脫穎而出，站上更高的職涯舞台！

## 建立管理者威信

當升職變成壓力，許多新手主管往往陷入迷茫。明明過去是公司的業務精英，業績亮眼，卻在晉升後發現團隊管理遠比想像中困難。該如何調整心態，建立威信，讓團隊真正配合？這是許多職場新手主管共同面對的課題。

李翔原本是科技公司內的業務明星，總能超額完成業績，獲得主管賞識。然而，當他被提拔為部門經理後，卻發現事情變得棘手。他原以為，只要團隊成員照著自己過去的方法去做，就能取得好成績，但結果卻是計畫頻頻受阻。團隊中有人抱怨他的標準太高，有人認為他過於干涉細節，甚至有人在背後說：「他只是會自己做，根本不懂帶人。」

這樣的情況並不罕見。從獨立完成業績到領導團隊，心態與工作方式都需要調整。一名優秀的業務員，不見得是好的管理者。管理的重點不只是「自己會做」，而是「如何帶領團隊完成」。學會授權、培養團隊，讓每位成員發揮優勢，才是主管真正該做的事。

許多新手主管一開始會習慣凡事親力親為，因為覺得這樣最有效率。但主管的職責是統籌資源、分配任務，而不是自己解決所有問題。那麼，該如何調整呢？

(1) 建立清晰的團隊目標，確保每個人都了解方向，知道自己負責的部分。
(2) 授權與信任，不要過度干涉細節，而是提供支持與指導。
(3) 專注於結果，而非過程，給予團隊空間，讓成員自行發展解決方案。
(4) 平衡權威與親和力，讓團隊真正服從

　　張怡在服飾品牌公司擔任行銷主管，過去與同事們關係融洽，時常一起加班、聚餐，建立了深厚的友誼。然而，當她晉升為主管後，情況開始改變。她發現，當她安排工作時，部分同事開始敷衍了事，甚至有人遲遲不交報告，讓專案延誤。當她試圖嚴格要求時，團隊內部卻出現低氣壓，甚至有人抱怨她「變了」。

　　從同事變成主管，如何讓團隊既尊重你的專業，又不至於產生對立情緒？這時，主管必須學會在「親和力」與「權威」之間找到平衡。

　　有效的做法包括：

(1) 在工作與私交間劃清界線，讓團隊知道，工作時需要專業，並非個人關係決定分工與績效。
(2) 以身作則，展現專業與決策能力，讓團隊理解你的標準並願意遵循。

(3) 適時讚賞與糾正，當團隊表現良好時給予肯定，遇到問題時則耐心溝通，讓團隊感受到公平與支持。
(4) 溝通是關鍵，避免誤解與抵觸

許多管理問題，往往來自於溝通不良。新手主管若無法有效傳達目標，或是在回饋時過於苛責，都可能讓團隊士氣低落，進一步影響績效。

應該怎麼做？

(1) 確保訊息清晰，不僅要說明「做什麼」，還要解釋「為什麼」，讓團隊理解背後的邏輯與目標。
(2) 定期與團隊對話，舉辦團隊會議或一對一溝通，確保成員能夠表達意見，避免內部不滿累積。
(3) 保持耐心與同理心，每位員工的工作風格與動力不同，主管需要根據個別需求來調整領導方式。
(4) 透過行動建立威信

主管的影響力來自於實力，而非職位。真正讓人信服的主管，不是靠權威強迫服從，而是透過行動贏得尊重。

王明在金融公司擔任客戶經理，被晉升為主管後，他發現團隊內部士氣低落，績效遠低於預期。與其單純責備下屬，他決定親自參與重要客戶洽談，示範專業技巧，並在成功後將經驗分享給團隊。看到主管願意與大家並肩作戰，員工們開始對他產生信任，士氣與績效也逐步提升。

## 第六章　突破職場晉升瓶頸

要如何建立威信？

(1) 展現專業與決策力，確保每項決策都基於合理分析，讓團隊理解你的判斷標準。
(2) 提供解決方案，而不只是批評，當專案遇到挑戰時，帶領團隊一起尋找解決方案，而非單純指責問題。
(3) 培養團隊，而非獨攬所有工作，真正成功的主管，會幫助下屬成長，而不是讓自己成為唯一的關鍵人物。

成為主管，意味著更大的責任與挑戰，唯有調整心態、提升管理能力，才能真正勝任這個角色。

如何突破管理瓶頸？

(1) 改變思維，從執行者轉為領導者，學會授權與信任團隊。
(2) 平衡權威與親和力，在嚴格與關懷之間找到適當距離。
(3) 確保溝通順暢，讓團隊理解目標，避免誤解與阻力。
(4) 以行動贏得尊重，透過專業與策略，讓團隊真正服從。

晉升不只是職位的變動，更是能力的提升與挑戰的開始。只要掌握正確的管理策略，建立有效的領導方式，就能帶領團隊一起成長，穩健邁向更高的職涯舞台。

## 升職為何會成為壓力

升職，通常意味著薪資提升、職位晉升、職涯更進一步，理應是值得慶賀的事。然而，對於某些職場人士來說，升職卻帶來前所未有的壓力，甚至讓人開始懷疑這是否是自己真正想要的發展方向。

David 在科技公司工作多年，以卓越的研發能力屢次獲得主管賞識，然而，當公司決定晉升他為部門經理時，他的職場生活卻變了調。

「剛聽到升職的消息時，我的確很高興，畢竟這代表公司肯定了我的能力。然而，短短幾個月後，我卻開始後悔。以前的同事變成了我的下屬，原本融洽的關係開始變得微妙。當我試圖分配任務時，大家的態度變得冷淡，有些人甚至敷衍了事，讓專案進度受阻。」

不僅如此，其他部門的合作態度也不如以往順利。過去，他只需專注於技術研發，現在卻要在會議中與不同部門的主管爭取資源、協調衝突，甚至承擔組織績效的壓力。這樣的轉變讓他倍感吃力，他發現自己缺乏管理團隊的經驗，甚至開始懷疑自己是否適合這個職位。

## 第六章　突破職場晉升瓶頸

　　許多技術型專業人士升任主管後,最常遇到的挑戰就是管理能力不足。過去,他們的價值來自於技術專業,而管理職位則需要完全不同的技能:溝通、激勵、決策、資源調度等,這些都是他們不熟悉的領域。

　　David 原本以為,只要繼續努力,自己就能勝任這個新角色,但現實卻讓他倍感挫折。

　　「我開始頻繁加班,試圖自己解決所有問題,卻發現事情越來越失控。與此同時,家庭關係也受到影響,我開始對伴侶發脾氣,因為我無法釋放工作上的壓力。甚至有段時間,我寧願留在辦公室過夜,也不想回家面對現實。」

　　這種無助感讓他開始產生負面情緒,甚至萌生了放棄的念頭。他開始懷疑,自己是否應該接受這次晉升?

　　經過與職涯顧問的討論,David 才意識到,自己真正喜歡的其實是技術研發,而非管理職位。他的個性內向、邏輯縝密,樂於解決技術問題,但在人際溝通與組織協調方面卻顯得力不從心。

　　在過去,他將升遷視為唯一的成就指標,但現在,他開始反思:晉升是否真的等於成功?不是每個人都適合成為管理者,技術專業人士可以選擇另一條發展路徑,例如成為技術總監、資深專家,而不必勉強自己走上管理階層。

為了解決這個問題，David 決定與公司高層坦誠溝通，說明自己的職業興趣與擅長領域，希望公司能提供更適合的發展機會。

## 正確的晉升策略

### 1. 了解自己真正的職業定位

在接受晉升前，應該評估自己的性格、興趣與長期職業目標。如果你更擅長技術專業，可以選擇技術路線的晉升方式，例如成為資深工程師、技術總監，而不是單純追求管理職位。

### 2. 提前培養管理能力

如果你的目標是管理職位，那麼在升遷前就應該積極培養相關技能，例如團隊領導、專案管理、衝突處理等，而不是等到晉升後才開始學習。

### 3. 與主管溝通職涯規劃

不要盲目接受不適合自己的晉升機會，應該與主管溝通你的職業發展方向，確保公司能提供適合你的職涯規劃。例如，有些企業允許技術專家沿著專業路徑發展，而不一定非得走管理線。

### 4. 平衡工作與生活

升遷往往意味著更大的壓力，因此，學會管理壓力、維持家庭關係也是不可忽視的一環。找到適當的釋放壓力方式，例如運動、與親友交流，避免讓壓力影響到個人生活。

升遷看似是職場中的榮耀，卻可能成為某些人的負擔。成功並不只是「爬得越高越好」，而是找到適合自己的發展方向，發揮最大價值。如果升遷後讓自己痛苦不堪，也許該考慮，這是否是自己真正想要的未來？

對於 David 來說，與公司高層坦誠溝通後，公司決定讓他轉往技術總監的職位，讓他能發揮專長，又能避免管理上的困擾。這次經驗讓他學會，不是所有升遷都是值得追求的，真正的成功，是在最適合的位置上發揮最大價值，而不是勉強自己成為不適合的角色。

# 完美職場晉升計畫

對於職場人士而言，升職加薪不僅象徵著事業的進步，更代表個人能力的肯定。然而，如何才能讓主管主動找上門談升遷？又該如何巧妙地爭取晉升機會？職場專家建議，完美的「職場晉升計畫」應包括明確的職業規劃、突出的工作表現、良好的團隊協作能力，以及適時展現自身價值的策略。

## 明確職業規劃

規劃清楚自己的職涯發展，是升遷的關鍵。Ethan 大學畢業後，先後在不同企業歷練，從基層員工一路晉升至管理層。他的升職速度遠超同儕，薪資甚至翻了數倍。當被問及如何規劃職業發展時，他表示：「踏實工作，優化工作流程，積極進修，最重要的是懂得經營人際關係。」

在每次轉換工作時，Ethan 都會與面試官討論自身的發展計畫，並詢問企業是否提供晉升機會。他深知，升職並非單純依靠個人努力，直屬主管的認可同樣至關重要。因此，他不僅努力提升專業能力，也刻意讓主管注意到自己的工作成果，使晉升機會來得水到渠成。

# 第六章　突破職場晉升瓶頸

## 業績為晉升的最佳憑證

　　Sophia 在財務部工作已三年，當主管離職後，她發現自己是部門內最資深的員工，卻遲遲沒有升職的機會。她開始思考是否該主動向經理爭取晉升。

　　由於平時埋頭苦幹，她與經理的互動僅限於日常打招呼，對方或許根本不了解她的能力。Sophia 於是整理出自己的工作成果，將自己負責的重要專案、工作表現與數據分析一一記錄，並在合適的時機向經理提出晉升申請。

　　她的努力獲得肯定，公司很快決定讓她接任主管職位。這讓 Sophia 體會到，出色的業績是最佳的說服力，職場晉升不能單靠等待，而是要適時表現自己，讓上級看見你的價值。

## 善用策略，迂迴爭取升職

　　Leo 進入一家行銷公司後，迅速展現個人能力，處理專案的效率與創意都深受主管讚賞。然而，因為與直屬主管的風格不合，升職的機會總是落到其他同事身上。

　　觀察了一段時間後，他發現公司業務部門正在擴編，而業務主管對他的能力頗為欣賞。於是，他抓住機會向業務部主管表達轉調的意願，結果不僅順利進入業務部，還獲得了升遷的機會。

這次經驗讓 Leo 明白，若目前的環境難以施展，與其等待不確定的晉升，不如尋找更適合自己的舞台。

成功晉升的員工通常具備幾個共同特點：

(1) 良好的團隊合作能力：能夠有效協調部門間的合作，提升整體效率。
(2) 強烈的學習意願：不斷進修新技能，提升職場競爭力。
(3) 清晰的目標與計畫：了解自己的職業發展路徑，並適時調整策略。
(4) 積極爭取機會：不只是默默努力，還懂得在適當時機展現成果，贏得主管認可。

許多開明的企業都鼓勵員工主動表達職業發展目標，而不是等著升職機會從天而降。定期與主管溝通，不僅能展現個人企圖心，也能讓主管在適當時機提供幫助。

提出升遷申請並不可恥，相反，這是一種展現自我價值的方式。若被拒絕，也不必氣餒，應該冷靜分析原因：是因為自身條件不足，還是公司目前沒有適合的職缺？再來決定下一步的行動。

更重要的是，升職不應該是唯一的職場目標。除了薪資與頭銜，工作環境、成長機會、職業滿足感等，都可能是影響職業發展的重要因素。

最終，升職的關鍵不在於等待，而在於積極爭取，讓自己在職場中發光發熱。

# 第六章　突破職場晉升瓶頸

# 第七章
# 擺脫職涯僵局

　　「畢業後三年內晉升管理層」、「五年內累積存款達十萬元」，許多職場新鮮人帶著雄心壯志踏入社會，滿懷期待地規劃未來。然而，十年後，當年設定的理想目標能真正實現的卻寥寥無幾。許多人在職場中逐漸迷失方向，既想保持自我個性，又希望尋求突破，然而卻在職業發展的道路上遇到了瓶頸。

# 第七章　擺脫職涯僵局

## 職場競爭的無情現實

　　職場競爭異常激烈，不僅有「中年危機」，許多年輕人甚至在職業生涯的前半段就已感受到「中途職場瓶頸」。這種瓶頸並非來自職位的限制，而是來自於日益激烈的競爭環境。

　　新人輩出，資深員工的地位逐漸受到挑戰。許多新進員工不僅對工作充滿熱情，還擁有更高的學歷、更強的數位技能，甚至更願意投入時間與精力，以證明自身價值。他們積極學習、創新求變，而一些老員工則逐漸失去工作動力，當業績與成效無法匹敵時，便可能被取代。

　　黃美玲進入公司三年，一開始工作表現突出，備受主管賞識。然而，近一年來，公司業績不佳，調整薪資與福利的機會減少，甚至部分津貼被取消。黃美玲感到不滿，覺得自己入職多年，薪水僅調整過一次，晉升遙遙無期，逐漸失去工作熱情，開始敷衍了事。

　　與此同時，新進員工李欣怡雖然剛入職僅兩個月，卻積極進取，不僅快速熟悉業務，還主動協助其他部門處理專案，表現出極強的學習能力與團隊合作精神。當公司決定裁員時，人事部主管最終選擇讓黃美玲離開，而讓李欣怡接替她的職位。

接到裁員通知時，黃美玲驚訝不已，她從未想過自己會被取代，直到那一刻才意識到，自己不是被公司淘汰，而是被自己的消極態度淘汰。

「老不是最可怕的，未老先舊才是最悲哀的。」職場競爭如市場變遷，新人才不斷湧入，只有持續學習、提升能力，才能不被淘汰。

當新員工進入企業，資深員工往往會產生三種心態：

### 1. 接受挑戰型

積極進取，視新員工為學習與合作對象，不斷提升自我價值。

### 2. 排斥競爭型

害怕被取代，刻意壓制新進員工，結果適得其反。

### 3. 保守共存型

願意協助新進員工，維持團隊和諧，但自身未能持續成長，最終仍可能被邊緣化。

只有接受挑戰型的員工，才能在競爭激烈的環境中持續成長，確保自己不會輕易被取代。

資深員工的最大優勢是經驗，但這並非無可取代。以下幾點是避免陷入職業瓶頸的關鍵：

### 第七章　擺脫職涯僵局

1. **持續學習，避免技術落後**

　　數位化時代，科技發展迅速，不斷學習新技術、新工具，才能保持競爭力。

2. **保持正面態度，不抱怨現狀**

　　抱怨無助於職涯發展，適應變化，才能獲得更多機會。

3. **主動爭取挑戰，提升影響力**

　　不要只是「做好分內事」，要尋求更多參與機會，讓主管看到你的價值。

4. **經營職場人脈，建立影響力**

　　良好的人際關係是職場發展的重要資產，建立信任與合作關係，能提高職場穩定度。

　　在未來的職場，只有兩種人能生存：一種是持續精進、保持競爭力的人，一種是找不到工作的人。職場的競爭永遠不會停止，但只要保持成長心態，不讓自己停滯不前，就能突破職業瓶頸，迎接更好的發展機會。

## 避免成為職場隱形人

　　工作技能是每位職場人士的核心競爭力，更是獲得高薪與晉升的關鍵。隨著時代快速發展，知識更新速度驚人，企業必須不斷學習與調整策略才能維持競爭力，員工更是如此。若想在職場立足，必須持續提升專業能力，保持學習動力，才能避免被職場淘汰，甚至淪為「隱形人」。

　　林哲是一家建築公司的資深設計師，進公司已經超過三年，總是全力以赴，經常加班，甚至時常駐點工地，從不計較個人得失。然而，當同期進入公司的同事陸續升遷、薪資調整，他卻始終停滯不前。當公司公布最新晉升名單時，他滿懷期待，結果卻再度落空，這讓他滿腹委屈，開始懷疑自己的付出是否有意義。

　　過去，林哲堅信「做好本職工作，終究會被看到」，但現實並非如此。他的設計風格多年來毫無變化，工作模式也沒有突破，儘管努力工作，卻缺乏創新與進步。主管在評估晉升人選時，看到的是那些不僅努力，還能不斷帶來新價值的員工，而林哲卻因為「原地踏步」而被忽視，甚至在某種程度上被邊緣化。

　　當他終於鼓起勇氣向老闆反映不滿時，老闆卻直言：「你

## 第七章　擺脫職涯僵局

的努力我們都看得到，但你的能力與三年前相比沒有太大提升。這讓我們很難將更高的職位交給你。若非考量你是資深員工，恐怕你的職位早已不保。」這番話讓林哲震驚，他這才意識到，真正讓他被老闆忽視的，不是別人的壓制，而是自己沒有跟上時代的腳步。

許多人認為，只要擁有豐富的學識與高學歷，就能在職場上無往不利，但現實往往不是這樣。曾有一名經濟學博士，畢業後備受企業青睞，各大公司紛紛開出優渥條件邀請他加入。然而，無論他到哪家公司，都待不久，甚至短短幾個月內就被減薪，最後不得不黯然離職。

問題出在哪裡？這名博士的理論知識極為豐富，但缺乏實際應用能力。他總是試圖用書本上的理論解決現實問題，卻無法有效轉化為具體成果。當公司發現他無法帶來實質效益時，最終選擇將他淘汰。

這正是許多職場人面臨的「知識瓶頸」──擁有知識，但無法轉化為工作價值。職場的晉升機制並不只是看你知道多少，而是看你能創造多少價值。僅有學識卻缺乏應用能力，就像一把生鏽的鑰匙，無法打開成功的大門。

要避免成為職場的「隱形人」，關鍵在於不斷提升自己，主動展現價值，而非被動等待機會。以下幾點能幫助你維持職場競爭力，確保自己不會被遺忘：

## 1. 持續學習,更新技能

在職場上,沒有所謂「一勞永逸」的專業能力。技術、趨勢、產業規則都在快速變化,唯有持續學習、精進,才能讓自己保持競爭力。

## 2. 展現成果,讓主管看到

很多人默默耕耘,卻忽略了讓主管知道自己的貢獻。適時向主管報告成果,讓上級清楚你的價值,是爭取升遷與加薪的重要步驟。

## 3. 主動爭取機會,擴展影響力

不要等著主管來找你談升遷,主動參與專案、發表見解、承擔責任,才能讓自己從眾多員工中脫穎而出。

## 4. 將知識轉化為實際效益

純粹的學術理論在職場中未必管用,關鍵在於如何將知識應用於工作,創造可見的成果,讓自己成為企業無法取代的關鍵人物。

## 5. 調整心態，適應變化

企業的需求會隨市場而變化，員工也需要調整心態，願意接受新挑戰。太過安逸於現狀，只會讓自己逐漸被時代淘汰。

## 6. 確保自己成為職場核心

在職場上，沒有人有義務隨時關注你的努力與貢獻。若你不主動展現價值，遲早會被遺忘在角落。當你感覺自己被忽略時，與其埋怨老闆，不如審視自身，是否在能力、態度、表現上還有進步的空間。

成功的職場人，懂得透過學習提升自己，積極爭取機會，讓自己成為不可或缺的一環。當你能為企業帶來實際效益，老闆自然會主動關注你，而不會讓你消失在職場的邊緣。

# 固守現狀才是最大的風險

在職場上,有一群人習慣於謹小慎微,不願跨出舒適圈。他們按照指令完成工作,避免與人發生衝突,維持表面和諧,希望藉此換來穩定的職涯發展。然而,當公司進行裁員時,他們卻往往名列其中;當升遷機會出現,卻總是輪不到他們。這是為什麼?因為過於追求安穩,反而讓自己變得可有可無。真正的風險,來自於一成不變,當你選擇停滯不前,等於放棄了職場上的競爭力。

很多人認為,只要不犯錯、不挑戰權威,謹守本分就能確保飯碗。但現實是,過於害怕冒險,只會讓自己逐漸被邊緣化。在企業中,真正能穩固職位的人,不是那些「不求有功,但求無過」的員工,而是願意承擔責任、敢於嘗試的人。某些公司甚至鼓勵員工勇於創新,即使失敗,也當作學習的機會。例如,美國 3M 公司鼓勵員工每天花 30 分鐘自由研究,他們的企業文化甚至流傳這樣一句話:「為了找到王子,你必須與無數隻青蛙接吻。」意思是,創新必然伴隨著失敗,但唯有願意嘗試,才能找到成功的機會。

相反,若一個員工只是機械地完成既定任務,不願提出新想法、不願承擔風險,在公司重整或裁員時,往往會成為

## 第七章　擺脫職涯僵局

首當其衝的對象。企業並不會因為你「沒有犯錯」就留下你，反而會選擇那些能為公司帶來價值、勇於挑戰的人才。

許多成功人士的職業生涯，並非一帆風順，而是透過不斷嘗試、學習失敗經驗，最終脫穎而出。有一位年輕主管，曾因一次決策失誤讓公司損失了 10 萬元。他懊惱不已，深怕被解雇，沒想到老闆卻對他說：「我剛剛投資了 10 萬元來培養你的能力，怎麼可能解雇你？」這位主管大受震撼，從此更加努力學習，最終成為公司不可或缺的高階人才。

這樣的案例告訴我們，犯錯並不可怕，可怕的是害怕犯錯而不願嘗試。如果你總是躲在「安全區」內，避免挑戰新事物，那麼當市場變化、技術革新時，你可能會發現自己已經被時代拋棄。

有個職場寓言故事能很好地詮釋這種風險：

一隻老鼠不慎掉進米缸，剛開始牠緊張害怕，但很快發現這裡食物充足、安全無憂，於是牠不再尋找出口，反而開始享受眼前的安逸。然而，當米缸裡的米逐漸減少，牠才驚覺自己再也跳不出去，最終被困死其中。

這個故事的寓意明顯——當我們過於安於現狀，忽視了環境的變化，就容易陷入職場的「米缸陷阱」，失去危機意識，直到發現自己已經無路可走時，才悔不當初。

另一個例子是一條魚，從小被父母告誡：「一定要活得安

全，不要游得太遠，不要與陌生魚接觸，不要冒險。」於是這條魚始終待在熟悉的環境裡，從不去探索未知的水域。牠平安無事地活了很久，但從未經歷過挑戰，也沒有任何值得回憶的經歷。當牠年老垂死之際，才發現自己的一生沒有成就、沒有驚喜，甚至沒有真正的快樂。

這條魚的故事，反映了許多職場人的心態——過於追求安全，結果換來的是單調乏味、缺乏挑戰的職涯。這樣的選擇，真的值得嗎？

要避免職場停滯，關鍵在於主動尋找突破點，讓自己不斷進步。以下幾點，能幫助你打破一成不變的職場困境：

## 1. 勇於承擔新任務

不要只做自己擅長的事情，嘗試接觸不同的專案、參與跨部門合作，提升多元能力。

## 2. 培養解決問題的能力

主管最欣賞能夠主動解決問題的員工，而非只是等待指示的人。當你能成為問題的解決者，你的價值自然會提升。

## 3. 學習新技能，與時俱進

產業趨勢不斷變化，若你不學習新技術、新知識，很可

能在未來被淘汰。定期進修、提升自我，確保自己始終具備市場競爭力。

## 4. 適時表現自己

低調不是錯，但過於隱藏能力，可能會讓主管忽略你的價值。適時展現你的成果，讓公司看到你的貢獻，才能獲得更多發展機會。

## 5. 接受挑戰，不怕犯錯

每一次挑戰都是成長的機會，不要因為害怕失敗而不敢行動。從錯誤中學習，能讓你在未來做得更好。

## 6. 擁抱變化，才能創造未來

職場競爭激烈，選擇停滯不前，等於自願放棄機會。真正聰明的職場人，懂得主動適應環境，勇於迎接挑戰，不讓自己陷入「米缸陷阱」。

若你希望在職場上有所成就，就必須跳脫安逸，培養勇於嘗試的精神，讓自己成為具備影響力與不可取代的關鍵人物。畢竟，最危險的選擇，往往是選擇「一成不變」。

## 「飯碗」隨時不保

對於許多職場人士來說，失去工作無疑是最大的挑戰。然而，這樣的危機往往來得悄無聲息，直到正式收到通知時，才發現自己早已被邊緣化。我們來看看一個典型案例。

林建翔，曾是某科技公司的資深業務經理，待在這家公司已有十年。他擁有豐富的市場經驗，和無數客戶建立了深厚的關係，公司內部也都認可他的專業能力。在他的印象裡，公司離不開他，自己是不可或缺的一員。當業績好的時候，他甚至能直接與高層溝通，手握許多資源。

然而，隨著市場變化，公司開始重新規劃架構，並決定合併業務部與市場部，以降低營運成本。林建翔原以為這是自己晉升的機會，畢竟他經驗豐富，理應接管更大的團隊。但沒想到，公司高層卻選擇了一位年輕且精通數據分析的主管，認為他的數位行銷策略更符合未來趨勢。

某天，公司通知他與市場部主管一起開會，討論業務部的未來架構。會議中，他才發現公司已經計畫讓他轉為一般業務人員，或者選擇離開。這樣的結果讓他震驚不已，他曾是業務部的靈魂人物，怎麼會落得如此境地？但現實是，公司更需要符合市場趨勢的人，而非過度依賴關係與傳統模式

## 第七章　擺脫職涯僵局

的業務員。

林建翔最終選擇遞出辭呈，他不願接受「降級」，卻也後悔自己過去幾年並未提升數位行銷技能，導致如今在轉型過程中失去優勢。

一項針對企業高層的調查顯示，如果讓他們裁掉公司裡「沒有價值」的員工，他們願意裁掉多少人？結果令人震驚，高達60%至90%的受訪者表示，他們隨時都能找到替代人選，甚至認為公司內部真正「關鍵」的人才，往往不到10%。

這意味著，即使你今天的表現再好，明天仍然可能被取代。企業最關心的是你的「未來價值」，而非「過去的功勞」。當市場環境發生變化，企業會毫不猶豫地做出裁員決策，以確保生存。

在全球經濟動盪的情況下，裁員早已不是罕見現象。例如，在某次金融危機期間，國際大型企業紛紛進行大規模裁員：

花旗集團一度裁減超過7.5萬名員工，影響全球市場。

匯豐銀行裁減450名員工，以應對市場衰退。

高盛、摩根士丹利、美林這些金融巨頭也無法倖免，分別裁員數千人。

這些企業曾經看似穩固，但當經濟環境發生劇變時，它

們也必須透過裁員來控制成本。若這些世界級企業都無法避免變動，那麼個別員工更無法置身事外。

許多員工以為，只要自己不犯錯、不惹事，就能穩穩地待在公司。然而，企業的生存壓力遠比個人的職場瓶頸來得更殘酷。每隔十年，世界 500 強企業名單上就會有超過三分之一的公司被淘汰。就連微軟創辦人比爾蓋茲也曾說：「微軟離破產永遠只有 18 個月。」這樣的警惕意識，讓微軟能夠不斷創新，以確保市場競爭力。

台灣企業家也有類似的見解，例如知名科技公司在高速成長時，內部卻已經在進行未來「寒冬」的準備，確保即便市場不景氣，企業仍有足夠的彈性存活。因此，公司會不斷調整架構，而員工的價值，必須與企業未來發展方向一致，否則就容易成為「被裁對象」。

面對這種隨時可能失業的職場現實，個人應該如何確保自己的競爭力？以下幾點建議，可以幫助你降低風險：

## 1. 持續學習新技能

工作環境不斷變化，企業希望員工能夠與時俱進。如果你五年來做的事情和剛入職時沒什麼不同，那麼你的價值可能已經下降了。學習新技術、進修數位技能，確保自己在市場上仍有競爭力。

## 2. 不依賴過去的功勞

許多資深員工認為,自己過去對公司的貢獻應該讓自己獲得更多保障。然而,企業更看重的是「你現在能為公司帶來什麼」。若你無法持續創造價值,光靠過去的業績並不能讓你立於不敗之地。

## 3. 適應變化,擁抱轉型

很多企業正在進行數位轉型,若你一直堅持舊有模式,最終可能會被淘汰。例如,傳統業務員若無法學會數據分析與線上行銷,那麼他們的業務模式將難以適應新的市場需求。

## 4. 建立個人品牌與人脈

即使今天在某家公司安穩,未來仍可能需要尋找新機會。因此,擴展人脈、經營個人品牌至關重要。透過社群平台(如 LinkedIn)分享專業知識,讓自己成為業界公認的專家,當變動來臨時,你會擁有更多選擇。

## 5. 永遠保持「職場危機感」

企業領導者隨時關心公司未來,而員工則應該關心自己的職業未來。如果你對現狀過於滿足,沒有意識到潛在風

險,那麼當變化發生時,你將措手不及。

職場上,沒有人是不可取代的。唯有不斷提升自身價值,才能確保自己在組織中的重要性。在瞬息萬變的市場環境中,與其擔心飯碗被端走,不如主動提升競爭力,讓自己成為任何企業都爭相挖角的關鍵人才。因為,真正的安全感,來自於你的不可或缺性,而不是安於現狀的錯覺。

# 第七章　擺脫職涯僵局

## 墨守成規阻礙成功

許多職場人士對現狀不滿，卻又害怕改變，最終選擇維持現狀，結果多年後發現自己依舊停留在原地。這樣的模式讓人逐漸失去競爭力，甚至在機會來臨時也無法抓住。事實上，許多成功者正是因為敢於打破常規，才創造了與眾不同的成就。

美國史丹佛大學教授指出：「在運動場上，許多選手能夠創造佳績，是因為他們突破了傳統的比賽方法。」這種思維同樣適用於職場，若只是一味跟隨前人的步伐，不敢嘗試新方法，那麼即使再努力，也難以超越既有的成就。

事實上，許多職場人士之所以無法成功，不是因為他們沒有潛力，而是他們選擇了安逸，抑制了自己的發展。他們害怕犯錯、害怕失敗，因此不敢跨出舒適圈。然而，真正能夠突破職場瓶頸的人，往往是那些敢於創新、勇於嘗試不同做法的人。

在職場中，許多人面對問題時，總是選擇最保險的方法。他們相信只要穩定地完成每日工作，就能夠長久地立足於公司。但這種思維忽略了一點：時代在變，市場在變，企業也在變。如果員工沒有同步提升，終有一天會被市場淘汰。

以知名企業家王先生為例,他在創業初期,原本經營的是傳統零售業務,但發現電商崛起後,他果斷決定轉型,將大部分業務轉向線上銷售。許多同行對此嗤之以鼻,認為他的做法過於冒險。然而,五年後,傳統零售市場受到巨大衝擊,他的企業卻成功躋身電商龍頭,遠遠甩開了仍然固守傳統模式的競爭對手。

類似的例子不勝枚舉,那些在關鍵時刻選擇突破的人,往往能夠迎來新的機遇;而那些固守成規、不敢改變的人,則逐漸被市場邊緣化。

我們都習慣從小模仿別人,學習別人的做法,這確實能夠幫助我們在初期快速成長。然而,如果長期依賴這種方式,就無法培養獨立思考能力,更難以創造出屬於自己的價值。

## 企業經營的三種模式

創新者 ── 打造全新的產品或商業模式,開創市場先機。

改進者 ── 在現有的基礎上進行改良,提升效率或創造差異化。

跟風者 ── 照搬他人的做法,雖然風險較低,但獲利也有限。

## 第七章　擺脫職涯僵局

　　成功企業通常都掌握前兩種模式，只有不斷創新與改進，才能夠長久維持競爭力。如果僅僅只是跟風，很難真正取得突破性的成就。

　　職場中有許多人希望生活有所改變，但當真正需要行動時，他們卻選擇退縮，擔心別人不理解、害怕失敗。然而，真正的成功者不會被這些顧慮綁住，而是勇於嘗試，即使遇到挫折，也能從中學習，找到更好的方法。

　　以餐飲業為例，一家位於高速公路旁的餐廳，因為車流量大，理應生意興隆，但實際上，許多車輛只是經過，並不會停下來用餐。原本的老闆想了許多促銷手法，如打折、提供免費湯品等，但仍然未能提升業績。後來，新的經營者決定改變策略，在餐廳旁設立免費的公共廁所，結果吸引了大批司機與乘客停留，順便在餐廳用餐。這樣的改變讓這家餐廳在短短兩年內成為當地知名的中途休息站，生意興隆。

　　這個案例告訴我們，當傳統方法無法帶來成效時，換個角度思考問題，往往能夠找到新的突破點。

　　許多人在職場中固守傳統思維，害怕改變，結果導致自己的發展停滯不前。然而，真正能夠成功的人，往往是那些敢於挑戰現狀、勇於創新的人。成功企業家松下幸之助曾說：「我之所以能夠成功，是因為我比別人稍微走快了一點。」這正是打破成規、勇於突破的重要性。

當你發現自己的職業發展陷入瓶頸，不妨問問自己：

是否總是依賴過去的經驗，而不願嘗試新方法？

是否害怕改變，而選擇留在舒適圈？

是否願意勇敢邁出第一步，探索新的可能性？

突破框架，不僅能讓你在職場中獲得更好的發展，也能讓你找到真正適合自己的道路。勇敢踏出那一步，你將發現，世界比你想像的更加廣闊。

## 第七章　擺脫職涯僵局

## 領先一步，掌握先機

在競爭激烈的職場中，學歷與經歷固然重要，但真正決定職業發展的，往往是持續進步的能力。學歷在快速變遷的時代中不斷貶值，過去憑藉文憑就能穩定就業的時代已成為歷史。若無法不斷提升自己，隨時可能被更優秀的後輩取代，甚至在公司內部逐漸被邊緣化。

職業專家指出，現代職場的職業週期正變得越來越短。若不持續學習，即使是高薪職位，也可能在短短幾年內失去競爭力。根據統計，25 歲以下的職場人士，平均每 1 年 4 個月就需要更新專業技能。例如，當電腦技能證書剛推出時，持有者占有極大優勢，但當幾乎所有人都獲得相同證書時，該技能便不再具備競爭力。

在這樣的環境中，想要突破職場瓶頸、成為領跑者，就必須比別人多學習一步，讓自己始終走在競爭者的前方。

張誠剛進入一家商貿公司時，就下定決心要成為優秀的員工。他不僅按時完成本職工作，還養成了提前準備的習慣，為第二天的任務做好萬全準備。此外，他利用業餘時間學習行業趨勢與市場數據，讓自己隨時具備更強的競爭力。

有一天，公司突然變更國際商務會議的行程，老闆急需一份法文資料，但辦公室其他人尚未開始準備，導致老闆相當惱怒。然而，張誠因為早已完成準備，立即提供所需文件，解決了燃眉之急。老闆對此讚賞有加，並在一個月後宣布由張誠接替辦公室主任的職位。

這個案例說明，成功並非偶然，而是持續累積的結果。每一次的提前準備，都是為了抓住稍縱即逝的機會，讓自己在關鍵時刻脫穎而出。

職場變遷快速，許多企業在經濟壓力下縮減成本，甚至進行裁員。當競爭激烈時，單純做好分內工作已無法確保職位的穩定，唯有不斷提升自我價值，才能確保在裁員風暴中屹立不搖。

林佳怡原本在一家服裝公司擔任銷售人員，業績穩定。然而，公司因市場策略調整，決定縮減服裝業務並裁減人員。許多員工擔心失業，但林佳怡卻鎮定自若，最終不僅未被裁員，還晉升為主管。

她的關鍵優勢在於：

**1. 建立銷售數據庫**

她在日常工作中，累積客戶數據，並自學程式設計，開發了能夠優化銷售流程的管理系統。

### 2. 拓展國際市場

她學習義大利語,並在公司擴展海外市場時,成為關鍵聯繫人,成功促成義大利的出口貿易合作。

這些額外的能力,使她在組織變革中成為無可取代的人才,最終順利晉升為副總經理。

想要避免職場瓶頸,就必須隨時為自己充電,不斷學習新技能,並積極尋找突破點:

### 1. 超前部署

提前準備,讓自己隨時能夠應對突發挑戰。

### 2. 強化專業能力

學習新技術、培養新技能,使自己成為企業不可或缺的人才。

### 3. 發掘個人優勢

在公司需要改革時,成為推動變革的關鍵人物,而非被動等待結果的員工。

職場競爭無處不在,沒有一成不變的「鐵飯碗」。唯有不斷進步,才能確保自己不被淘汰。當職場環境變化時,若能提前做好準備,走在別人前面,就能將瓶頸拋諸腦後,為自己的職業生涯開創更廣闊的發展空間。

## 適應職場的規則

　　許多職場新人初入公司，總會對企業文化、制度乃至職場潛規則抱有疑問，甚至不滿。例如：為什麼需要對主管畢恭畢敬？為什麼要主動請示、見機行事，而不能被動等待指示？為什麼要迎合公司的氛圍，甚至改變個人的行為習慣？這些問題常讓年輕人感到苦惱，然而，職場並非獨立的個體生存環境，學會適應並非意味著放棄原則，而是找到與環境相處的最佳平衡點。

　　每間公司都有獨特的文化，而企業領導者的個性與管理風格也大相逕庭。若期待公司來適應個人，而非個人去適應企業，往往會陷入職場困境。並非所有規則都需要無條件服從，但在不違背個人核心價值的前提下，適當調整自己的行為，能夠降低職場摩擦，提高合作效率。

　　雅雯剛進入公司時，因為喜歡穿著時尚且妝容精緻，與公司提倡的「專業簡約」風格相違背。她不以為意，直到主管多次提醒後，才開始改變妝容與穿搭。然而，某天她因穿著過於鮮豔的服裝被主管訓斥，一氣之下提出離職。事實上，企業要求員工維持一定的職場形象，是為了維護整體文化與品牌形象，而非針對個人。在職場，單憑個人喜好行事，可

## 第七章　擺脫職涯僵局

能會引起不必要的誤解，甚至影響職業發展。

有些人認為職場應該是以能力為導向，而非人際關係。然而，事實上，人際互動是職場的一部分。當一個人過於強調個人原則，而忽略團隊合作與溝通技巧，往往會被視為不合群，甚至影響升遷機會。

例如，書豪是一名勤奮的職員，工作效率極高，卻與同事關係疏遠。他不主動與主管打招呼，也不關心團隊合作，只專注於個人業務。久而久之，主管開始對他的態度產生不滿，最終將他派往禮儀培訓課，提醒他應該培養職場基本的社交禮儀。這讓書豪頓時醒悟，原來即使業務能力強，若缺乏人際互動，仍然難以在職場立足。

在公司內部，一些不成文的規則已深植於企業文化，並非個人所能改變。當這些規則受到多數人的支持時，若刻意違背，只會讓自己陷入孤立。例如，一間創業型企業可能鼓勵員工節約成本，而若有員工揮霍無度，可能會被認為不適合團隊文化。同樣，外資企業可能強調高效執行，若員工不願加班或拒絕高壓工作模式，也可能與企業文化產生衝突。

適應職場的關鍵在於：

識別企業文化 ── 了解公司對員工的基本要求，並適時調整自身行為。

維持專業形象 —— 在服裝、言行與工作態度上，符合企業的價值觀與期望。

掌握職場禮儀 —— 學習如何在合適的時機表達自我，同時尊重他人。

建立職場人脈 —— 適度交際，維持與同事、主管的良好關係，避免被孤立。

職場並非只憑能力就能順利發展的環境，個人適應能力與社交技巧同樣重要。過於孤立可能失去團隊支持，而過度迎合則可能失去自我。在這之間，找到合適的平衡，既能保持個人原則，也能適應企業文化，才能在職場中順利發展，實現長遠的職業成就。

# 第七章　擺脫職涯僵局

# 第八章
# 面對職場壓力挑戰

隨著社會競爭日益激烈,許多年輕世代在進入職場後,面臨著與前人截然不同的挑戰與壓力。他們需要適應企業文化、達成業績目標、處理人際關係,甚至面對職場角色的變化與升遷壓力。根據調查,超過60%的上班族因職場壓力而感到焦慮,甚至影響到心理健康和生活品質。

## 第八章　面對職場壓力挑戰

### 才華不被看見

在職場中，許多員工擁有良好的專業知識與技能，卻始終無法獲得應有的發展機會，甚至陷入職涯瓶頸。例如，安婷畢業於知名大學的行政管理系，對於職場充滿期待。然而，幾個月的求職過程讓她逐漸喪失信心。「原以為憑藉學歷和專業能力，應該能夠迅速找到一份好工作，但沒想到四處碰壁，甚至連面試機會都不多。」她向朋友吐露心聲，對未來感到迷茫。

即便是進入企業的人，也可能因為各種原因陷入發展瓶頸，難以實現自身價值。以下是幾種類型的職場人才，往往容易因缺乏競爭優勢而遭遇困境：

#### 「萬金油」型人才

這類員工具備多方面能力，能夠從事行政、企劃、公關等不同工作，卻缺乏明顯的專業優勢。在企業內部，他們的角色並非不可取代，一旦公司進行人力縮編，往往是最先被裁撤的對象。

## 低技術門檻型人才

隨著科技發展，許多基礎技術工作逐漸被自動化或外包處理，使得這類員工的價值下降，若無法提升專業技能，很容易被企業淘汰。

## 理論派人才

某些員工擁有高學歷，但缺乏實務經驗，無法將知識轉化為可行的工作方案。例如，一家企業曾聘請了一位具備人力資源管理博士學位的員工，但他在實際執行中效率低落，連簡單的會議通知都需要花上大半天，最終因工作能力不足而被辭退。

## 過於自負型人才

有些員工認為自己的專業能力無可挑剔，因此對同事與主管的建議置若罔聞，導致職場人際關係僵化。長期下來，即使能力再優秀，企業仍可能選擇將這類難以合作的員工淘汰。

## 「高不成低不就」型人才

部分求職者對薪資與職位要求過高，不願意從基層做起，但卻無法找到符合自身期待的職缺，最終長期處於失業狀態。

## 第八章　面對職場壓力挑戰

宥翔進入一家廣告公司擔任企劃，初期充滿熱情，不斷提出創意想法。然而，他很快發現，自己精心準備的企劃案常常被擱置，甚至無人採納。一次，他提交了一份完整的行銷方案，起初主管表現出濃厚興趣，但最終仍未獲批准。經過仔細分析，他察覺問題並不在企劃內容，而是公司對資金支出的保守態度。於是，他主動提出尋求外部贊助的方案，成功說服主管，讓企劃案得以執行。如果林宥翔僅是執著於抱怨而不思考解決方案，這份提案可能永遠無法落實。

然而，並非每個人都能順利突破職場困境。紹恩是同一間公司的設計師，原本在崗位上表現穩定，卻被突然調派至一個偏遠市場負責業務開發，對他而言這無疑是一種懲罰。他憤憤不平地表示：「我一直努力工作，卻換來這樣的結果，這根本是要逼我辭職。」然而，在考量當前就業市場競爭激烈的現實後，他選擇留任，靜待更好的發展機會。

在競爭激烈的職場環境中，即使擁有專業技能，也不代表就能順利發展。適應企業需求、主動調整策略、提升個人競爭力，才是打破職涯瓶頸的關鍵。以下是幾個可以幫助你打破瓶頸的方法：

## 1. 強化核心專業技能

提升專業技術，確保自己在公司內部具備不可取代的價值。

## 2. 培養解決問題的能力

光有創意與理論不夠，還需要具備執行力與靈活應變的能力。

## 3. 建立良好人際關係

學會團隊合作，避免因個人態度影響職場發展。

## 4. 接受挑戰與變動

當遇到職涯轉折點時，選擇適應與學習，而非抱怨與逃避。

「英雄無用武之地」的現象，在職場上並不罕見。唯有認清自己的優勢與不足，並積極尋求突破，才能真正脫穎而出，在職場上發展自己的價值。

## 第八章　面對職場壓力挑戰

## 畢業才是挑戰的開始

在市場競爭激烈的時代，人才已成為一種資源，其供需關係受市場環境影響。對許多大學生而言，畢業後面臨的最大挑戰便是就業問題。在這個重視實務能力與經濟價值的社會，僅僅依靠學歷已無法保證順利找到工作，而部分學生因缺乏清晰的職涯規劃，甚至還未正式步入職場，便已陷入失業的窘境。

許多學生自小努力求學，經歷漫長的學習歷程，卻在大學四年逐漸鬆懈，最終畢業後才發現自己對未來毫無方向。此外，即便有些學生積極考取各類專業證照，但這些資格是否真正能轉化為職場競爭力，仍是一大疑問。許多人帶著滿滿的證書踏入求職市場，卻發現這些「敲門磚」並未真正幫助自己找到理想的工作。

金融市場波動影響了整體就業環境，企業人力需求減少，使得求職競爭更加激烈。許多應屆畢業生不僅需要與同屆同學競爭，還得面對往屆未就業人士的加入，使得就業形勢更加嚴峻。

為了適應市場環境，許多畢業生開始降低對薪資與職位的期望值。例如，思涵原本期待畢業後能找到一份月薪新台

幣四萬元的工作，但在歷經數十次求職應徵無果後，她不得不將期望調降至三萬元。然而，即便如此，她的履歷仍然屢屢石沉大海，讓她對未來充滿不確定感。「當初以為只要努力考證照，就能為自己增加就業機會，但現在發現市場競爭比想像中更激烈，根本沒有企業願意給新人機會。」她無奈地說道。

育誠則是一名資產管理學系的畢業生，他在求職過程中發現許多企業正進行裁員，市場上的工作機會明顯減少。「好多公司今年不招人，甚至還在縮編。現在只希望能找到一份穩定的工作，薪資再低都可以接受。」面對現實的無奈，他不得不將薪資期望從原本的三萬五千元降至三萬元，只求能先有一份工作立足。

企業減少招募，使得每場徵才活動都人滿為患。在某場銀行與金融機構的徵才活動中，求職者絡繹不絕，甚至有人排隊數小時仍無法成功投遞履歷。可欣從上午九點開始排隊，直到中午仍無法順利遞交履歷，而其他求職者為了搶得先機，不惜脫掉高跟鞋，席地而坐等待機會。「這場徵才會讓我更深刻體會到就業市場的競爭殘酷。」她感嘆道。

面對嚴峻的求職環境，有些學生選擇「延畢」來避免立即面對求職壓力。據統計，近年來大學生延遲畢業的比例逐漸上升，部分學生希望透過延長在校時間，為自己爭取更多學習與準備的機會。然而，延畢並非解決問題的根本辦法，

## 第八章　面對職場壓力挑戰

若未能有效利用這段時間提升競爭力，畢業後仍將面臨相同困境。

另一些人則選擇透過「相親」或「徵婚」尋找經濟依靠，希望能透過婚姻獲得更穩定的生活。小彤是一名財務管理系畢業生，她坦言自己對求職市場感到恐懼，因此選擇在社群平台上發文徵婚，希望能找到經濟穩定的對象。「我的父母也支持這個決定，他們認為現在就業市場太難混，與其在職場上受苦，不如找個可靠的伴侶，過安穩的生活。」她說道。對於理想對象的條件，她表示：「希望對方有房有車，工作穩定，最好還能幫我介紹一份輕鬆的工作。」

畢業即失業，並非個案，而是當今職場環境下的普遍現象。許多企業不僅看重學歷，更重視實務能力與職場適應力。因此，學生在求學期間，應該積極提升職場競爭力，以降低畢業後的求職壓力。

應對職場挑戰的關鍵：

## 1. 培養實務經驗

透過實習、專案或兼職工作累積實務能力，避免僅有學歷卻缺乏實戰經驗。

## 2. 學習跨領域技能

在主修專業之外，學習市場需求高的技能，如數據分析、程式設計、數位行銷等，提高個人競爭力。

## 3. 建立人脈關係

透過校友、業界交流與社群平台建立人脈，提升獲取職缺資訊的機會。

## 4. 彈性面對市場需求

降低對薪資與職位的過高期待，先求得一份工作，累積經驗後再尋求更好的發展機會。

對於當今大學生而言，畢業不代表成功，而是一場新挑戰的開始。隨著市場需求變化，單純依賴學歷已不足以確保順利就業，唯有持續學習與提升自身競爭力，才能在職場中站穩腳步，避免成為「畢業即失業」的一員。

## 第八章　面對職場壓力挑戰

## 忙碌與壓力的拉鋸戰

每天清晨，在城市的捷運站出口，總能看到穿著得體的上班族，手上拎著剛買的早餐，臉上卻掛著倦容，腦中盤算著新一天的工作。夜幕低垂時，辦公大樓的燈火仍未熄滅，通勤公車依舊擠滿了人，自願加班早已成為許多職場人的日常。「最近在忙什麼？」這句話成為彼此問候的標準開場白，親朋好友見面時問，通訊軟體的訊息框裡也常出現這句話。忙碌，似乎成為了一種生活模式。

為了生計，許多職場人士拚命工作，但為何卻似乎越忙越窮？佳慧是一家廣告公司的專案經理，長年處於高壓狀態，總是被各種突發狀況追著跑。某次朋友問她：「為什麼總是這麼忙？」她無奈地歎了口氣：「就拿今天早上來說吧，一進公司，前臺同事就告訴我，客戶抱怨昨晚沒收到我承諾要寄出的郵件，結果一查才發現，因為檔案過大，郵件被退回了。」

「處理完這件事後，專案執行部的同事又來找我，說客戶對活動場地的布置不滿意。我原本以為客戶會直接與執行部聯繫，結果資訊沒能順利傳遞，我只能緊急協調修改方案。」

忙碌與壓力的拉鋸戰

「中午時,企劃部提醒我,明天是提案的截止日,但他們還沒拿到完整的數據。我只好匆忙補齊資料,午餐都沒時間吃……」

日復一日的高壓工作,讓林佳慧感覺自己只是「活著」,而不是「生活著」。此外,為了保持專業形象,她每月還需投入不少預算在服裝和儀容上,薪水幾乎月月見底,甚至偶爾還得借錢應急。雖然她相信這樣的狀態只是暫時的,但談及未來,她仍舊憂心忡忡。

剛從大學畢業的浩宇進入一家房地產公司擔任業務員,作為職場新人,他全力以赴,努力適應職場節奏。但每天一下班,他就忍不住向家人訴苦:「從一進公司開始,我就忙得沒時間喘口氣,一下要聯繫客戶,一下要填寫合約,每天腦子都快炸了。表面看起來好像很從容,其實心裡亂成一團。」當月底開銷超支時,他的焦慮感更是達到巔峰。

「這兩年來,我的內心一直處於緊繃狀態,總覺得未來充滿不確定性。現在社會競爭這麼激烈,稍微不努力,過了 30 歲就很難再有機會。」浩宇坦言,他不僅要維持業績,還要學習專業知識,甚至為了向資深前輩請教,常常得自掏腰包請吃飯。

「客戶開發也是個大問題,每次談合約時的餐敘費用,當然不能讓客戶買單,一頓高檔餐廳的消費,幾乎吃掉我半個月薪水。」

## 第八章　面對職場壓力挑戰

　　為了不讓自己陷入職業瓶頸，他除了應對龐大的業務量，還要自主進修，提升專業能力。每天晚上加班到八、九點，已成為家常便飯。像他這樣的業務員比比皆是，辛苦工作卻攢不了多少存款，壓力巨大，未來也充滿未知數。

　　在這個社會中，貧富差距的現象越來越明顯，有些人過著奢華生活，而另一些人則為基本生計疲於奔命。職場競爭激烈，讓人無法鬆懈，因為一旦停下腳步，隨時可能被淘汰。這種現象導致許多上班族陷入無止盡的忙碌，即便內心渴望改變，也無力掙脫現實的束縛。

　　但值得思考的是，忙碌真的能帶來成功嗎？或者說，如何才能讓忙碌變得更有價值？身處職場的人，應該適時停下來審視自己的方向，確保自己不是在無謂的消耗，而是朝著目標前進。職場不應該只是倉促地應付每一天，而應該是策略性地規劃未來，讓每一份努力都能累積成長，而不是淪為疲憊不堪的惡性循環。

## 別成為「過勞楷模」

在現代職場，你是否有這樣的感覺——工作壓力日益增長，頻繁犯錯，長時間熬夜，飲食不規律，甚至連基本的睡眠品質也受到影響？如果你發現自己處於這種狀態，那麼你很可能已經踏入「過勞」的陷阱。

在競爭激烈的就業市場裡，許多人最擔心的並不是薪水不夠，而是隨時可能失去這份工作。面對這種不確定性，不少人選擇透支自己的健康，以「勞模」的姿態拼命工作，卻忽略了長期累積的身心負擔。

張芸萱，28 歲，某私營企業部門主管，近來決定辭職。她的理由很簡單：「太累了！」每天清晨 7 點出門，深夜 11 點才回到家，週末只有一天休息，這樣的高壓工作讓她身心俱疲。

「如果身體健康還能撐得住，可是長期高壓下，怎麼可能不生病？」前陣子，她因過度疲勞發生車禍，傷勢嚴重，醫院甚至發出病危通知。儘管如此，她出院當天就匆匆回到工作崗位。「在私人企業，沒有人會養閒人。」她無奈地說道。

如今，「一天工作 8 小時」對許多上班族而言已是奢望，取而代之的是 10 幾個小時的加班、通宵趕案、犧牲週末與節假日。一方面，工作壓力與績效考核的要求推動著員工不斷

## 第八章　面對職場壓力挑戰

超時工作；另一方面，不少人內心也對「閒下來」感到不安，生怕一放鬆就被市場淘汰。然而，這樣的過勞模式，不僅帶來健康危機，也可能讓職場生涯變得更短暫。

由醫療相關機構所進行的「健康透支十大行業」調查顯示，IT 產業、高階管理、媒體記者、證券、保險、計程車司機、交通警察、銷售人員、律師、教師等職業，是過勞風險最高的職場族群。這些職業的共同特徵是：高強度的工作節奏、長時間的精神壓力、不規律的飲食作息。

此外，調查還發現，職場壓力的主要來源包括：

31%來自家庭責任（如養老、育兒、財務負擔）

19%來自情感關係（如婚姻、伴侶壓力）

其餘則來自工作績效、經濟壓力與職場人際關係

隨著這種壓力的不斷累積，過勞已不只是身體上的疲勞，更是一種心理上的消耗，最終可能引發「慢性疲勞症候群」（CFS），甚至導致過勞死。

「忙碌不一定代表有效率，勞累更不等於成功。」這句話正好應驗在許立恩身上。他是一家科技公司的市場分析主管，每天早晨還沒來得及吃早餐，就匆匆趕往公司。腦中滿是報告、預算、專案進度，剛坐下來就馬上進入會議模式，然後是審查合約、回應客戶、分配部門任務，甚至連下班時間都變得可有可無。十點以後的辦公室，依然是他的「主戰

場」，筆記型電腦和資料夾成了他回家後的「夜讀夥伴」。

「這是我的日常。」他苦笑著說。但他沒有意識到的是，這種超負荷的工作模式已經讓他的健康亮起紅燈。長期熬夜、缺乏運動，使他出現了頸椎病、慢性胃炎，甚至失眠的問題。

現代職場中，有不少這樣的「勞模」，總是渴望挑戰極限，甚至把「過勞」當作一種職場競爭力的象徵。然而，真正的職場競爭力，並不是無止盡的工作，而是有效率、有策略的工作方式。

以下是幾個擺脫過勞的方法：

## 1. 學會工作統籌

每天為自己設定優先級，按照「重要與緊急」程度分類：
A 級：重要且緊急的工作，必須立即處理
B 級：重要但不緊急的事，可以安排時間完成
C 級：緊急但不重要的事，可以委派他人處理
D 級：不重要也不緊急的事，則應該刪除或延後

## 2. 適時授權，不要事必躬親

不要把所有事情都攬在自己身上，適當地把任務分配給同事，建立專案責任制，確保每個人都能清楚自己的職責。

## 3. 建立工作與生活的界線

下班後盡量不回應工作郵件，除非必要。

週末時間應該留給自己，讓身心真正休息。

保持固定的運動習慣，哪怕只是每天步行 30 分鐘。

## 4. 提升工作效率，而非延長工時

許多人誤以為「加班＝努力」，但其實高效的時間管理，才能讓你真正從工作中解脫。與其熬夜趕工，不如在白天提高專注力，把重要的事情集中在高效時段內完成。

在職場競爭激烈的時代，適度的努力與拚搏是必要的，但無止境的過勞卻只會讓身體透支，甚至影響長遠的職業發展。我們不應該將自己當作機器，無休止地運轉，忽略身心健康的代價。真正的成功者，不是那些過勞至死的「勞工楷模」，而是懂得如何平衡工作與生活、提升效率，並且能長期保持競爭力的人。

職場是一場長跑，而不是短距離衝刺，想要走得更遠，關鍵不在於「拚命」，而在於聰明地管理自己的時間與精力。學會適時放慢腳步，反而能走得更穩、更遠。

# 擺脫壓在肩頭的職場壓力

你是否曾經因為手上的工作堆積如山而感到焦慮？你是否因長期的高壓工作而身心俱疲，甚至羨慕那些總能從容應對職場挑戰的同事？其實，許多職場壓力並非無法解決，而是來自於不當的工作方式與處事策略。其中，三種最常見的阻礙，如同壓在肩上的大山，不僅影響心情與健康，還會導致效率低落，影響職場發展。

## 資訊過載的壓力

隨著科技發展，電子郵件、社群媒體、即時通訊軟體成為工作日常，但這些便利工具往往讓我們陷入資訊焦慮。過多的未讀信件、未處理的訊息，讓人難以專注，反而影響工作進度。

雅筑是一名出版社編輯，剛入職時，她對工作充滿熱情，但隨著時間過去，她發現自己每天都被電子郵件、讀者來信與堆積如山的稿件壓得喘不過氣。她的信箱總是爆滿，每天接二連三的電話詢問進度，使她心神不寧，長期下來甚至影響了睡眠與消化系統。

## 第八章　面對職場壓力挑戰

如何擺脫資訊過載？

### 1. 設定處理優先級

對於郵件與訊息，應該即時分類，重要的立即處理，不必要的直接刪除。

### 2. 固定時間檢視信件

避免隨時檢查電子郵件，而是設定特定時間統一處理，減少干擾。

### 3. 簡化儲存與管理

過多的資訊累積會增加心理負擔，每隔一段時間就應整理與刪除不再需要的資料。

## 完美主義的壓力

許多人在工作上追求完美，試圖將每個細節做到無懈可擊。然而，過度追求完美，反而會降低工作效率，讓自己長期處於壓力之中。

以琳在一家公關公司擔任行銷專員，她做事細心，對自己的工作要求極高，然而這份嚴謹的態度讓她總是花費比別人更多的時間在一項工作上，甚至到了工作時間結束後，還將未完成的案子帶回家。她的表現雖然受到上司肯定，但她自己卻日益感到疲憊，甚至開始對工作產生倦怠。

如何擺脫完美主義？

**1. 設定合理的標準**

　　工作應該達到可接受的標準，而非追求無止境的完美。

**2. 分清輕重緩急**

　　不是每個細節都需要花費大量時間，學會區分真正重要的工作。

**3. 學會接受錯誤**

　　錯誤是學習的一部分，應該從中汲取經驗，而不是過度苛責自己。

## 過度承擔的壓力

　　有些人習慣性地接下過多工作，無法拒絕額外的任務，導致自己時間與精力被過度消耗，最終影響整體表現。

　　俊宏是一家科技公司的專案經理，他總是樂於助人，當同事請求協助時，他幾乎來者不拒。結果，他的工作量逐漸超出負荷，導致每項專案進度延遲，甚至影響到團隊績效。最終，他因為長期壓力而身體抱恙，不得不休假療養。

　　如何避免過度承擔？

## 第八章　面對職場壓力挑戰

### 1. 學會說「不」

適當拒絕不在職責範圍內的工作，確保自身的負擔不超過能力範圍。

### 2. 分工合作

有效運用團隊資源，適時請求協助，而非獨自承擔所有責任。

### 3. 管理時間與精力

安排合理的工作計畫，確保有足夠的時間應對核心任務。

職場上的壓力無法完全消除，但透過有效的策略，我們可以學會更聰明地應對挑戰。資訊過載、完美主義、過度承擔這三種常見的壓力來源，若能及時調整心態與行動，就能大幅提升工作效率，並改善生活品質。與其被壓力擊倒，不如主動調整工作模式，讓自己在職場上更具競爭力，也更能享受工作帶來的成就感與滿足感。

## 從壓力中成長

生活中,許多人將幸福與壓力的大小畫上等號,認為無壓力才是理想狀態。然而,這種想法並不完全正確。若總是將壓力視為不好的代表,並幻想著消除壓力後生活就能完美,最終只會陷入對命運的無謂感嘆,無法真正成長。

樂觀者則從不同角度看待壓力,將其視為提升自我能力的機會。當一個人成功克服壓力,便能發現這其實是一種促進個人成長的動力。因此,剛踏入職場的新人應該明白,工作中的壓力並非敵人,而是一種鍛鍊與進步的契機,逃避壓力只會讓自己止步不前。

其實,職場中的壓力是確保工作有序進行的關鍵因素之一。如果完全沒有壓力,許多人將缺乏動力,導致整體效率低下。事實上,我們常常習慣性地將重要的事情拖到最後一刻才處理,這不僅適用於令人厭煩的任務,即便是我們熱愛且有價值的工作,亦常如此。

許多剛畢業的職場新人無法理解壓力與成長之間的關聯,總覺得壓力是痛苦的根源。然而,壓力與困難正是促使我們成熟的關鍵,為未來的事業奠定基礎。壓力驅使我們重新審視工作方向,並從不同角度思考問題。

## 第八章　面對職場壓力挑戰

張凱畢業後進入一家新聞媒體擔任記者，每天忙於尋找新聞線索，卻總覺得壓力極大，無法抓住工作的重點。每週分配的採訪任務總是難以按時完成，一度讓他萌生辭職的念頭。然而，考量到競爭激烈的就業市場，他選擇調整心態，試圖理清工作思路。儘管努力適應，他仍感到迷惘，直到朋友建議他向資深同事請教。

張凱邀請這位經驗豐富的記者共進晚餐，向對方請教採訪技巧與新聞處理方法。透過這次交流，他掌握了新聞選題的核心技巧，也學會如何高效整理資訊。自此，他逐步適應記者工作，壓力雖然依舊存在，但他已能從容應對。

社會是一個大舞台，每個人都在扮演不同的角色。有些人順遂無比，有些人則面臨重重挑戰。然而，對於職場中的不如意，與其抱怨環境或社會不公，不如正視現實，尋找解決方案。

不少職場新人稍遇困難便怨天尤人，抱怨職場競爭激烈、發展空間有限、薪資不如預期，甚至質疑自己的選擇。然而，那些能夠在職場上穩步前進的人，並非一開始就擁有優渥的條件，而是懂得在挑戰中磨練自己。

畢業後，我們最重要的課題之一，便是培養良好的心態，珍惜當前的工作機會，並學習在壓力下成長。理智地分析自身狀況，針對問題尋求解決方案，才能將壓力轉化為動

力,在提升效率與專業能力的同時,也讓自己變得更為穩健成熟。

許多人總覺得自己受困於環境,找不到出路,因而經常抱怨:「這個地方沒什麼前途,能混一天算一天」、「如果我能換個更好的單位,就能重新開始」、「要是我有更高的學歷或更好的職務,一切就會不同」。然而,這些想法只會讓人原地踏步,無法真正解決問題。

與其等待外在條件改變,不如主動尋找突破口。無論環境如何,唯有堅持學習、累積實力,才能真正擁有選擇權。成功並非偶然,而是建立在持續努力與清晰目標的基礎上。當你準備好時,機會自然會向你靠攏,壓力也將成為推動你前進的力量。

第八章　面對職場壓力挑戰

## 走出職業疲勞的泥沼

　　隨著職場競爭日益激烈，越來越多的上班族感到身心疲憊。來自工作壓力的心理負擔，使許多人陷入無形的職場瓶頸。這種心理疲勞通常表現在對工作的厭倦、不願起床、上班遲到、處理公務時煩躁不安、注意力渙散、思維遲鈍、記憶力減退等症狀。疲憊，已經成為現代社會的一種普遍現象。

　　不知從何時開始，無憂無慮的生活漸行漸遠；不知何時起，工作壓力逐漸吞噬了熱情，讓許多職場人士不禁疑問：「為何工作讓我如此疲憊？」

　　碩玲畢業兩年，對於職場的最大感受就是「累」。在他人眼中，她是一名再普通不過的上班族，無論外貌、學歷還是背景，似乎都難以突出。然而，她一直希望能做一份與旅遊相關的工作，每天接觸不同的風景與文化，並且能以此維生。

　　然而，父母的期望讓她不得不選擇財務管理科系，畢業後也順理成章地進入企業財務部門工作。兩年來，她從出納升至會計，但職務變動並未帶來職涯上的成就感。她的公司經營狀況不佳，內部升遷機會有限，許多高層都是親戚關

係,她發現自己不論再努力,似乎也難以突破現狀。

除此之外,碩玲的個性內向,不太擅長社交,導致她在公司裡始終難以融入同事圈。雖然工作年資不長,她卻感到自己的活力與熱情早已被消磨殆盡,未來的方向更顯得模糊不清。

都市上班族因長時間坐辦公室,容易出現腰痠背痛、慢性疲勞等健康問題;此外,企業對人才要求日益提高,職場的不確定性讓許多人倍感壓力。當個人職業發展遇到瓶頸時,心理疲勞便隨之而來。

調查顯示,女性在職場中面臨的壓力不亞於男性,然而她們通常還需兼顧家庭與生活責任,因此更容易出現職業倦怠,甚至影響身心健康。

想要擺脫職場疲勞,關鍵在於調整心理狀態,提升對工作的適應力。以下幾點建議可以幫助你恢復工作熱情,重拾生活的平衡:

## 1. 建立心理韌性,提升抗壓能力

自我調適是克服職業倦怠的第一步。透過心理衛生訓練、適度的放鬆與紓壓技巧,能夠有效提高心理承受力,減少壓力對身心的影響。

## 2. 調整心態，尋找工作中的價值

若總是聚焦在職場的不滿與挫折，容易加劇心理疲勞。嘗試換個角度思考，找到工作中的價值，或許能讓日常工作變得更有意義。

## 3. 適時轉換職場環境

如果發現工作長期無法帶來滿足感，且內外在條件皆無法改善，考慮轉換跑道或尋求更適合自己的職業發展，可能是一種更好的選擇。

## 4. 加強人際互動，培養職場支持系統

與同事建立良好關係，不僅能增進工作氛圍，也能在壓力過大時獲得支持與幫助，避免長期處於孤立無援的狀態。

除了心理壓力外，許多職場人士還會面臨一種隱形的挑戰——「職業審美疲勞」。這指的是長期從事相同工作，對原本熱愛的事務逐漸失去興趣，甚至產生厭倦感。

雅雯在一家外商企業擔任市場企劃，年紀輕輕便累積了豐富的經驗，過去幾年，她的創意與能力深受公司肯定。然而，當公司更換主管後，她發現自己提出的提案不再像以往那樣受到重視，甚至有些案子被分配給其他同事執行。她開

始懷疑自己的價值,對工作也漸漸失去熱情。

這種「審美疲勞」的產生,往往來自於職涯發展停滯。面對這種狀況,我們可以嘗試以下方法來調適自己:

## 1. 尋找新的挑戰

若對現有工作內容感到倦怠,可以嘗試主動承擔新專案,或學習不同的技能,讓工作充滿新鮮感。

## 2. 開發多元興趣

培養與工作無關的興趣,不僅能紓解壓力,也可能為未來職涯發展帶來新的契機。

## 3. 調整職場期望

重新檢視自己對工作的期待,確保職業目標符合自身價值觀,避免因過度追求完美而陷入無謂的焦慮。

## 4. 建立長遠的職業規劃

清楚自己的職涯方向,並制定短期與長期目標,能幫助自己保持前進的動力,降低職場倦怠感。

職場疲勞並非無法解決的問題,關鍵在於如何調整心

態、強化心理韌性,並透過適當的改變來尋找新的成就感。當我們學會以樂觀的態度應對壓力,並找出適合自己的工作方式,職場將不再是一個讓人筋疲力竭的戰場,而是一個能夠實現自我價值的舞台。

# 第九章
# 學習是對自己最好的投資

　　在這個快速變遷的時代，唯有不斷學習才能跟上發展的腳步。職場中的競爭日趨激烈，唯有持續提升自我，才能確保不被淘汰。許多人在工作中遇到「心有餘而力不足」的困境，這往往來自於知識與技能的停滯。當我們停止學習，便開始落後於潮流，進而陷入職涯瓶頸。因此，建立終身學習的習慣，才是提升競爭力、拓展職業發展的關鍵。

## 第九章　學習是對自己最好的投資

## 知識與能力並進

　　知識與能力相輔相成，唯有透過不斷學習與實踐，才能將知識轉化為真正的能力。當今社會變遷迅速，企業對人才的需求也在不斷提升，單純依靠既有的知識與經驗已難以應對職場的挑戰。唯有持續學習，才能確保自身的競爭力。

　　在某科技公司工作的柏文，畢業後進入職場已有三年，原本在公司內算是資深員工，對手上的工作駕輕就熟。然而，他發現隨著新技術的發展，自己的知識已經跟不上產業的變革。公司開始引進更先進的系統與工具，他卻因缺乏相關技能，無法勝任新專案的需求，甚至比起剛進公司的新員工，他的技術優勢已逐漸喪失。最終，當公司縮編時，他成為被裁員的對象。

　　柏文的案例並非個案，許多上班族因習慣於舒適圈，忽略了自我提升，當環境變化時才驚覺自己的不足。這也是為何許多企業強調「學習型組織」，希望員工能夠透過持續進修來提升競爭力，以應對市場變遷。

　　長期從事重複性工作，容易陷入職業停滯期。若沒有主動學習新知，即便現有工作再輕鬆穩定，也可能因市場變動而面臨淘汰的風險。

# 知識與能力並進

家銘在一家貿易公司擔任業務助理，工作內容固定，薪資也算穩定。起初，他覺得這份工作輕鬆無壓力，然而，隨著時間推移，他開始感受到職場的瓶頸。他的工作內容大多是報單、聯絡客戶，雖然熟練，但並未學到新技能。當公司決定進行組織調整，引進更具競爭力的人才時，他才驚覺，自己雖然在公司待了數年，卻沒有足夠的優勢來爭取更好的職位。

類似的情況在許多職場人士身上發生，尤其是當公司經營狀況不佳時，最先被淘汰的往往是那些「可有可無」的角色。這也是為何許多人在面臨裁員危機時，才開始思考自己的競爭力是否足夠。

職場中「心有餘而力不足」的現象，往往源於個人學習的停滯。根據研究，許多職場人士在畢業後的五年內，若沒有持續進修與提升專業能力，職業發展將可能陷入停滯，甚至出現被淘汰的風險。

以佳芬和宥瑄為例，兩人是大學同學，畢業後同時進入職場。然而，五年後，佳芬選擇進修管理課程，提升外語能力，最終獲得晉升機會，薪資待遇也大幅提升。反觀宥瑄，雖然工作表現穩定，但因未能提升專業技能，當公司進行組織重整時，她發現自己無法勝任更高層級的工作，最終只能選擇離職重新求職。

## 第九章　學習是對自己最好的投資

　　這樣的對比，正是終身學習的重要性體現。職場競爭激烈，唯有不斷充實自己，才能確保職業發展不被侷限。

　　如何有效提升自我，打造競爭優勢？

### 1. 持續學習，保持與時俱進

　　無論是哪個產業，都應該培養主動學習的習慣。透過線上課程、專業書籍、研討會等方式，不斷吸收新知，確保自身技能不被時代淘汰。

### 2. 提升專業技能，累積職場價值

　　學習不只是為了學歷，而是為了提升競爭力。針對自身產業趨勢，選擇適合的技能進修，例如數位行銷、專案管理、AI 技術等，讓自己在職場中更具價值。

### 3. 強化跨領域能力，擴展職業選擇

　　當今職場強調跨領域整合，具備多元能力的人才更具競爭優勢。例如，行銷人員若能掌握數據分析能力，將大幅提升市場競爭力。

## 4. 培養解決問題的能力

單純的知識學習還不夠，應該將所學應用到實際工作中，提升解決問題的能力。職場不只是執行任務，更重要的是能夠獨立思考、應變挑戰，這樣才能真正發揮價值。

## 5. 建立職場人脈，學習業界趨勢

透過參與行業聚會、加入專業社群等方式，了解市場需求與趨勢，並透過人脈交流獲取更多成長機會。

職場發展並非一蹴可幾，而是需要持續投入與努力。唯有透過不斷學習與精進，才能突破自我的限制，創造更大的職業價值。不要等到面臨職涯瓶頸時才驚覺自己的不足，從現在開始，培養學習的習慣，讓自己在職場中始終保持競爭力，迎接更多可能的發展機會。

## 第九章　學習是對自己最好的投資

## 努力才能抓住機會

成功並非天賦異稟，而是來自不斷的努力與學習。許多人在職場上面臨瓶頸，並非因為機會不夠，而是因為他們缺乏足夠的準備，未能把握住機會。在這個競爭激烈的時代，唯有不斷提升自我，才能突破職業限制，開創更廣闊的未來。

許多人將職場的挫折歸咎於環境，卻忽略了自身的努力。事實上，環境固然重要，但真正決定個人發展的，仍是持續學習與堅持努力的態度。

柏森與子軒是大學同班同學，畢業後分別進入不同產業發展。柏森進入科技業，從基層工程師做起，而子軒則選擇進入傳產企業，擔任行政人員。起初，他們的薪資並無太大差異，但幾年後，兩人的職涯發展卻有了極大的分歧。

柏森在工作之餘積極進修，報名專業證照課程，並學習最新的 AI 技術，讓自己具備更強的市場競爭力。五年後，他獲得公司晉升為專案經理，薪資翻倍，且有更多發展機會。

反觀子軒，由於工作性質較為固定，他習慣於安逸的環境，並未主動學習新技能。當公司進行數位轉型時，他因為缺乏相關技能，無法勝任新職務，最終被裁員。這樣的對比，正是努力與學習帶來的差距。

許多人總覺得機會難得，然而，真正的機會往往是給那些已經準備好的人。當我們不斷學習新知，提升專業能力，機會自然會向我們靠近。

如何透過學習提升競爭力？

## 1. 設定明確學習目標

不同產業有不同的發展趨勢，了解自身產業的變化，設定合適的學習目標，讓自己不斷成長。

## 2. 持續提升專業技能

透過報名進修課程、考取專業證照，提升技術與管理能力，確保自己在職場上具備不可取代的價值。

## 3. 培養跨領域能力

在專業知識之外，學習其他領域的技能，如數據分析、數位行銷等，讓自己擁有更廣泛的發展機會。

## 4. 建立學習習慣

不論是透過閱讀、線上課程或是參加專業論壇，養成終身學習的習慣，確保自己的競爭力不被時代淘汰。

## 第九章　學習是對自己最好的投資

　　成功的關鍵在於不斷學習與努力。無論起點如何,唯有持續進步,才能讓自己在職場上保持競爭力。與其等待機會,不如主動創造機會,透過學習與努力,為自己開創更美好的未來。

## 你的準備要充分

在職場上,機會往往垂青於有準備的人。許多人誤以為成功是突如其來的幸運,卻忽略了背後長期的努力與累積。若想在關鍵時刻抓住機會,必須隨時充實自己,確保隨時能夠應對挑戰。

許多人在職場上感到迷茫,覺得晉升困難、發展受阻,甚至歸咎於環境或運氣不佳。然而,真正的問題往往是準備不足,當機會來臨時,無法即刻應對,錯失發展的契機。

承翰是一名行銷專員,他在公司工作三年,雖然表現穩定,卻遲遲未能晉升。相比之下,他的同期同事卻已獲得升遷,甚至成為部門主管。承翰開始質疑自己的能力,甚至認為自己運氣不好。然而,他逐漸意識到,這些晉升的同事在下班後仍積極進修,學習數據分析、數位行銷策略,並考取相關證照。而自己則習慣於安逸,並未主動提升能力。

當公司開設新部門,急需數位行銷專業人才時,主管立刻提拔了那位積極學習的同事,而承翰只能繼續原地踏步。這正是準備與不準備之間的差距。

職場上,機會如同高速列車,按時發車,不會為任何人停留。許多人習慣於等待機會,而真正成功的人則是主動準

### 第九章　學習是對自己最好的投資

備,確保自己在機會來臨時能夠立刻抓住。

語喬是一名公關顧問,她在職場上打拼多年,擁有豐富的經驗。然而,她並不滿足於現狀,而是不斷提升自己的競爭力。她積極參與業界研討會,深入研究品牌行銷策略,並持續進修相關課程。

某日,公司決定拓展海外市場,急需一名熟悉國際行銷的人才。由於語喬早已備妥國際行銷相關知識,並且熟悉跨文化溝通技巧,她順利獲得晉升機會,成為公司首位國際行銷總監。這正是因為她在機會來臨前,已經做好了萬全準備。

如何讓自己隨時準備好?

## 1. 累積專業知識

了解產業趨勢,掌握最新技術,確保自己具備與時俱進的能力。

## 2. 不斷學習與進修

透過課程、書籍、線上學習平台等方式,提升專業技能與知識水平。

## 3. 建立多元能力

除了專業知識，培養溝通技巧、團隊合作能力及解決問題的能力，讓自己更具競爭力。

## 4. 積極參與業界活動

參與研討會、講座，拓展人脈，掌握市場最新動態，讓自己更具前瞻性。

## 5. 保持開放的心態

接受挑戰，勇於嘗試新事物，讓自己在不同情境下都能應對自如。

成功並非偶然，而是長期努力與準備的結果。當機會來臨時，只有那些已做好準備的人，才能真正掌握主導權。在這個瞬息萬變的時代，與其等待機會，不如主動提升自己，為未來的成功奠定堅實的基礎。

## 第九章　學習是對自己最好的投資

## 職場知識要適時「充電」

在瞬息萬變的職場環境中，知識與技能的更新速度愈來愈快。若無法與時俱進，即使曾經擁有穩固的職位，也可能因競爭力不足而陷入瓶頸。因此，唯有持續學習，適時「充電」，才能保持職場競爭優勢，避免被市場淘汰。

科技發展與產業變革，使許多舊有的職務逐漸被新技術取代。例如，人工智慧與自動化系統的興起，讓傳統的行政、客服與基礎數據處理工作面臨挑戰，迫使從業者必須掌握新技能，以適應變遷。

一項調查顯示，過去五年間，全球已有超過三千種職業類別消失，而這一現象仍在持續擴大。這代表著，如果不主動學習新技術、新趨勢，極有可能被市場淘汰。許多職場人士在面對工作壓力時選擇安於現狀，卻忽略了學習與進修的重要性，最終導致職業發展停滯，甚至喪失競爭力。

知識本身並無力量，唯有將其轉化為實際工作技能，才能發揮真正的價值。人力資源專家指出，職場能力可分為「能質」與「能級」：

能質：個人適合從事的專業領域

能級：個人在特定職位上的實際表現

為突破職業瓶頸，個人應不斷提升能級，並確保自身技能符合產業需求。唯有持續學習，才能提升綜合競爭力，避免被職場淘汰。

趙瑩畢業於研究所，進入一家知名貿易公司工作，短短三年間晉升為總經理助理。然而，隨著職位提升，她逐漸感受到工作壓力的增加，發現自己在人力資源、財務管理等領域的知識仍有不足。因此，她積極參加進修課程，補足自身能力缺口。

後來，公司的人資主管退休，趙瑩因具備相關專業能力，順利接任該職位，並於三年後晉升為人力資源總監。她的成功，正是來自於不斷學習與適時充電，使自己在關鍵時刻具備足夠的競爭力。

如何有效「充電」，提升職場競爭力？

## 1. 設定學習目標

針對職場發展趨勢，制定短期與長期學習計畫，例如學習數據分析、數位行銷或專業證照課程。

## 2. 持續進修與進階培訓

參加線上或實體課程，如語言學習、管理課程或技術培訓，以提升專業能力與競爭優勢。

### 3. 累積跨領域知識

擴展現有專業範疇,例如市場行銷人員可學習數據分析,工程師可增進商業管理知識,以提升職場適應力。

### 4. 拓展人脈與資訊來源

參與產業研討會、專業論壇或企業內部培訓,透過與專家交流,掌握最新市場資訊與趨勢。

### 5. 實踐所學,累積實戰經驗

將學習到的新知識應用於工作,透過實踐檢驗學習成果,進一步強化專業能力。

在競爭激烈的職場環境中,只有不斷學習與精進自我,才能維持競爭優勢,避免被市場淘汰。當「知識折舊」成為現實,唯有積極「充電」,才能確保自身在職場上穩健前行。因此,不論職位高低,學習永遠是最好的投資,唯有適時充電,才能迎接更大的職業發展機會。

## 知識不足，職場發展受阻

在競爭激烈的職場環境中，知識不僅是個人的財富，更是職業發展的基石。許多人在面對工作挑戰時，才驚覺自身知識的不足，遺憾當初沒有更積極學習。然而，這樣的「臨時抱佛腳」往往難以彌補職場上的競爭劣勢。因此，唯有持續累積知識與技能，才能確保自己不會在關鍵時刻陷入瓶頸。

知識與實踐密不可分，僅有學歷或證書並不能代表真正的專業能力。許多人在求職或工作初期，可能因基本技能不足而錯失機會，甚至在職場上逐漸被邊緣化。例如，許多上班族因平時缺乏學習習慣，等到公司要求提出專案方案時，才發現自己難以應對，只能東拼西湊，最後交出一份自己都不滿意的報告，進而影響職涯發展。

柏安畢業於資訊管理系，當初求職時，他對寫程式沒有太大興趣，選擇進入一間企業擔任系統維護人員。初期的工作內容主要是進行系統監控、資料備份，並提供內部技術支援，相較於開發人員，他的壓力小，工作穩定。

然而，隨著科技發展，公司開始推動數位轉型，內部系統需要更高階的開發與維護能力。主管希望團隊成員能學習

## 第九章　學習是對自己最好的投資

更深入的程式設計，柏安卻因為長期缺乏進修，無法跟上新技術，最後只能維持在基層職位，甚至在裁員潮中被公司優先考慮。

當失去工作後，他才意識到自己在這幾年內沒有任何專業上的突破，導致轉職困難。他嘗試進入其他公司，但市場需求已經轉向具備程式開發能力的全端工程師，讓他陷入求職困境。這時，他才深刻體會到「書到用時方恨少」，於是報名線上課程，希望透過進修彌補職場競爭力的不足。

## 持續學習，打造職場競爭力

### 1. 提前規劃，避免「臨陣磨槍」

許多人在面對晉升或職業轉換時，才意識到自身技能不足，開始臨時補救。然而，這樣的做法往往難以真正提升競爭力，甚至可能影響職場表現。因此，應該提前做好學習規劃，確保自己在職涯發展的關鍵時刻，能夠穩健應對各種挑戰。

### 2. 建立終身學習的習慣

現代社會中，知識更新速度極快，若不持續學習，很可能在短短幾年內就被市場淘汰。除了本職學能，還應關注產業趨勢與新技術，透過進修課程、自學或參與專業論壇，提升自身競爭力。

### 3. 尋找適合自己的學習方式

學習不僅限於傳統教育體系，現代科技提供了更多元的學習方式，如線上課程、專業培訓、書籍閱讀等。可以根據自己的興趣與需求，選擇最適合的學習方法，以確保知識能夠有效轉化為職場競爭力。

「書到用時方恨少」這句話提醒我們，知識與技能的累積應該從現在開始，而非等到需要時才匆忙學習。在競爭激烈的職場中，唯有不斷充實自己，才能避免被淘汰，並在關鍵時刻抓住成功的機會。因此，無論目前的職位如何，持續學習與自我提升，才是確保職場穩健發展的最佳策略。

第九章　學習是對自己最好的投資

## 學習成功者的智慧

在職場與人生的發展過程中，向成功者學習是一條通往成長的捷徑。我們經常看到許多人羨慕成功人士的成就，卻忽略了他們背後所付出的努力與學習歷程。成功並非憑空得來，而是來自持續的學習、觀察和實踐。

卡特原本是一名普通的咖啡店員工，他一直對企業經營充滿興趣，但沒有相關背景。有一天，他決定主動向店長學習，每天觀察店鋪的經營方式、顧客消費行為，並在工作之餘閱讀市場行銷相關書籍。三年後，他運用所學知識，在當地開設了一間獨立咖啡館，短短五年間，發展成為擁有十幾家分店的連鎖品牌。

卡特的成功並非偶然，而是來自於他的主動學習與應用。他透過近距離觀察成功者的經驗，並且將其內化為自己的技能，最終創造了屬於自己的事業。這再次印證了「站在巨人肩膀上」的重要性，藉由學習前人的智慧，我們能夠少走彎路，更快速地提升自身競爭力。

在職場上，我們經常會遇到比自己優秀的人，這時候應該如何面對？有些人選擇羨慕，有些人則因為比較心理而產

生嫉妒,甚至視成功者為競爭對手。然而,真正聰明的人,會將優秀者視為學習對象,努力汲取他們的成功經驗,轉化為自身成長的動力。

史丹佛大學的一項研究指出,那些主動向成功者學習的人,相較於只專注自身工作的人,職場晉升機率高出40%。這是因為他們不僅能快速累積關鍵技能,還能在人際網絡中獲得更多資源與機會。

當今知名導演克里斯多福·諾蘭(Christopher Nolan),在剛開始從事電影創作時,並沒有受過專業電影學院的教育。然而,他並未因此卻步,而是主動向當代優秀導演學習。他透過反覆觀看史丹利·庫柏力克(Stanley Kubrick)與雷利·史考特(Ridley Scott)的作品,分析他們的敘事技巧與鏡頭運用,並且親自實驗不同的拍攝方式。他的學習方式並非單純模仿,而是將這些技巧內化為自己的風格,最終打造出獨樹一幟的視覺語言,成為影壇舉足輕重的導演。

諾蘭的經歷告訴我們,無論處於何種產業或職位,只要懂得學習並善用觀察,就能夠吸收成功者的智慧,讓自己在競爭激烈的市場中脫穎而出。

成功者的經驗是寶貴的,但如何將這些經驗轉化為自身成長的動力,才是關鍵。以下是幾個有效的學習策略:

## 第九章　學習是對自己最好的投資

### 1. 主動學習，建立學習目標

無論在哪個行業，應該主動尋找值得學習的對象，並設定具體的學習目標。例如，觀察成功者如何管理時間、處理決策、應對挑戰，並將這些技巧應用到自己的工作中。

### 2. 透過實踐強化學習成果

僅僅聽取建議或閱讀成功者的故事是不夠的，關鍵在於實際應用。每學到一項新知識後，應該透過實踐來測試自己的理解與應用能力，才能真正內化為自身技能。

### 3. 與成功者建立連結，尋找導師

許多成功人士樂於分享自己的經驗，透過參與業界活動、線上論壇或導師計畫，可以獲得寶貴的指導與建議。找到合適的導師，能幫助自己更快突破職場瓶頸。

根據哈佛商學院的調查，70％在職場停滯不前的人，都是因為缺乏學習與適應新環境的能力。企業環境瞬息萬變，唯有持續學習並適應變化，才能在競爭中保持優勢。

學習成功者的經驗，不代表完全複製他人的做法，而是藉由觀察、模仿、轉化，找到適合自己的成長模式。唯有積極學習，並不斷挑戰自己，才能在職場與人生中創造更大的價值。

# 學習 —— 需要累積一生的資產

在現代社會中,學習不僅是成長的基石,更是避免職業瓶頸的重要手段。隨著科技發展迅速,市場變動加劇,個人若不持續進修,很容易被時代淘汰。全球競爭環境中,我們必須不斷適應、進步,才能確保自己始終處於優勢地位。

21世紀是知識爆炸的時代,許多傳統產業被新技術顛覆,舊有技能可能在短短幾年間失去市場價值。根據世界經濟論壇(WEF)報告,未來10年,超過50%的工作職位將被新技術取代,唯有不斷學習的人,才能確保自己不會被淘汰。

在矽谷,有一位科技創業家布萊恩,他原本是一名工程師,但他深知單純的技術能力不足以讓自己脫穎而出。因此,他在工作之餘學習行銷、財務管理與創業策略,並積極參加各種業界論壇。最終,他憑藉跨領域的知識,在30歲時成功創辦一家新創公司,並獲得矽谷知名投資人的青睞,迅速擴展市場。這樣的成功並非偶然,而是來自他持續學習的積累。

學習,讓一個人的潛能不斷被發掘,讓職業生涯充滿可能性。

## 第九章　學習是對自己最好的投資

許多人在職場上遭遇瓶頸，不是因為能力不足，而是因為過於安於現狀，忽略了持續進步的重要性。一名在企業工作的資深員工，可能因為熟悉日常業務而變得懶於學習，直到公司轉型或產業變動時，才發現自己已經跟不上時代。

知名主持人歐普拉・溫芙蕾（Oprah Winfrey）便是學習力的最佳典範。她在電視節目主持領域已達到顛峰，卻並未因此停滯，而是不斷進修，並進軍媒體與出版產業。透過學習，她將自己的影響力從電視節目擴展到全球媒體事業，成為美國最具影響力的女性之一。

她的成功再次印證了：「當你覺得自己已經站在巔峰時，學習能讓你攀上更高的境界。」

企業的競爭力，來自於員工的學習能力。麥肯錫（McKinsey）的一項研究指出，學習速度較快的企業，其市場競爭力較其他企業高出 35%。原因在於，這些企業的員工能夠迅速掌握新技術、適應市場變遷，確保企業在競爭激烈的環境中保持領先。

那麼，個人如何提升自己的學習能力呢？

## 1. 養成持續學習的習慣

不論處於哪個行業，都應該定期學習新知，如參加線上課程、閱讀專業書籍、關注業界趨勢。

## 2. 善用學習資源

現今資訊取得容易,可以利用線上平台(如 Coursera、Udemy)來進修,也可以透過專業社群與業界人士交流,獲取第一手資訊。

## 3. 設定學習目標

學習應該是有方向的,例如希望在未來 2 年內提升管理能力,則可選擇相關課程,並透過實踐來驗證學習成果。

## 4. 勇於挑戰新領域

當職場進入瓶頸時,可能意味著需要新的刺激與挑戰,學習新技能或轉換跑道,能夠為職業生涯開創新的可能性。

知識是無價的,它不僅能夠幫助個人在職場上獲得更好的發展,還能提升個人的自信與競爭力。許多職場精英能夠在動盪的市場環境中站穩腳步,並非因為他們的學歷多高,而是因為他們擁有持續學習的習慣。

未來的世界屬於那些願意不斷學習、持續挑戰自我的人。無論你身處何種職位,記住:「學習是一生都要經營的財富,唯有學習,才能讓我們不斷成長,迎接未來的無限可能。」

# 第九章　學習是對自己最好的投資

# 第十章
# 善用人脈

在現代社會中，人際關係不僅影響個人生活，也決定了職場上的發展潛力。許多年輕人初入職場時，往往忽略人際互動的重要性，認為只要專注提升專業能力，就能獲得晉升機會。然而，職場上的成功並非僅靠個人實力，善用人脈往往能帶來更大的競爭優勢。

## 第十章　善用人脈

### 建立人脈

一項來自美國哈佛商學院的研究顯示，約 85% 的職場成功與人際關係有關，而專業知識與技術僅占 15%。這並非意味著專業能力不重要，而是強調了良好的人脈關係對職涯發展的推動作用。

懂得建立人脈，便能獲得貴人指引，掌握關鍵資訊，甚至在職場低潮時獲得轉機。因此，擁有強大的人際網絡，無疑能成為職涯發展的一項重要資本。

人脈資源在職場上可視為一種無形資產，能夠影響個人的發展與機遇。例如，矽谷許多創業家之所以能成功，不只是因為擁有創新技術，更因為他們透過人脈獲取資金、技術合作機會，甚至招募頂尖人才。

以科技創業家伊隆．馬斯克（Elon Musk）為例，他在創辦 SpaceX 與 Tesla 之前，便透過矽谷的人脈網絡尋求資金支持，並與業界頂尖人才合作，這才促成了後來的成功。這樣的案例顯示，人脈不只是社交工具，更是通往成功的關鍵橋樑。

想要在人際網絡中脫穎而出，以下幾個原則至關重要：

## 1. 真誠互動，建立信任

人際關係的本質是互信互惠。當你與他人建立關係時，應該以真誠的態度對待對方，而非僅為了利益而接觸。許多成功人士在人際關係的經營上，都強調「先付出，再收穫」。

## 2. 保持專業，展現價值

在人脈建立的過程中，專業能力仍然是關鍵因素。若你能在自己的領域展現出色的能力，他人自然願意與你合作。因此，不論是參與專業社群、商業會議或是日常工作，都應該保持專業，讓人對你產生信賴感。

## 3. 擴大社交圈，主動參與

單靠職場內部的社交可能不足以建立廣泛的人際網絡，因此，積極參與業界活動、論壇或相關社群，是拓展人脈的好方法。例如，許多企業高層會參加商業聯誼會，以認識來自不同產業的專業人士，尋找合作機會。

## 4. 持續經營，保持聯繫

許多人在建立初步人脈後，未能持續經營，導致關係逐漸淡化。成功的人際關係需要時間維護，定期與聯繫人互

動，例如透過社群媒體、專業交流或商業合作，確保人脈網絡保持活絡。

## 5. 在關鍵時刻提供幫助

　　人脈的價值不僅在於自己獲得幫助，更在於能夠為他人提供價值。當你在職場中遇到能幫助的對象時，主動提供協助，這種善意往往能夠累積人際資本，為未來的發展鋪路。

　　職場競爭不僅是專業能力的較量，更是人際關係的競技場。在現代社會，擁有強大的人脈網絡，不僅能夠幫助個人在職場中獲取更多機會，也能在面臨瓶頸時，為自己帶來轉機。

　　無論是基層員工還是高階主管，建立並維持人脈，都是職涯發展的重要策略。正如管理學大師彼得·杜拉克（Peter Drucker）所言：「成功的關鍵不僅在於你知道什麼，更在於你認識誰，以及他們如何看待你。」

　　在職場生涯中，學會經營人際關係，將是你突破職業瓶頸、邁向更高成就的關鍵。

## 尋找職場的成長梯子

在職場中，每個人都希望快速成長、獲得晉升，但僅靠個人努力往往會顯得步履蹣跚。因此，懂得運用「梯子」來幫助自己向上攀爬，是職場生存的重要智慧。這個「梯子」可以是自身的實力、他人的智慧、人脈資源，甚至是職場中的貴人相助。當你能夠巧妙整合這些資源時，你就能站上更高的位置，讓職涯發展更加順利。

然而，擁有「梯子」的前提，是要先確保自己具備足夠的能力。若沒有相應的實力，即便有人願意提供機會，也無法穩固地站上更高的平臺。因此，在尋找機會的同時，不斷提升自己，強化核心競爭力，才能真正將機會轉化為成長的跳板。

許多成功人士都懂得「借力」來達成目標，而非單打獨鬥。例如，國際知名投資家華倫‧巴菲特（Warren Buffett）便曾坦言，他的成功很大程度上來自於對前輩的學習與借鑑。巴菲特年輕時就主動向投資大師班傑明‧葛拉漢（Benjamin Graham）學習，並在其指導下進一步精進投資技術。透過學習前人的智慧，他避開了許多可能的失敗陷阱，加速了自己的成長。

類似的案例比比皆是。無論是在企業管理、創業，甚至是個人職場發展中，善用他人的經驗與智慧，能夠讓自己少走許

## 第十章 善用人脈

多彎路。因此，職場中不僅要發展專業能力，還需要建立良好的關係網絡，學習如何借助他人的力量來推動自己前進。

在人際互動中，有些人只著眼於短期利益，而忽略了長期的關係經營。然而，真正成功的人往往懂得與人為善，建立深厚的人際連結，進而在關鍵時刻獲得支持。例如，美國創業家史蒂夫·賈伯斯（Steve Jobs）在創辦蘋果公司時，便善於與技術專家、設計師、投資人建立關係。正是這些關係的建立，使蘋果能夠獲得資金與技術支援，最終成就了今日的科技巨擘。

這些案例都證明，人脈不僅僅是表面上的社交活動，而是透過長期信任與誠信累積而來的無形資產。因此，職場人士應該重視每一次的互動機會，積極參與行業活動，並與同事、前輩建立良好關係。當你的關係網絡足夠廣時，機會往往會主動找上門，而不需要自己費力尋找。

許多人在尋找機會時，總是單方面思考如何獲得他人的幫助，卻忽略了「施比受更有福」的道理。職場上，當你願意成為別人的「梯子」，主動幫助他人時，往往也能獲得意想不到的回報。

例如，美國企業管理大師傑克·威爾許（Jack Welch）在擔任奇異公司（General Electric）執行長時，便以提攜後輩為己任。這種甘願做「人梯」的精神，使他在企業界備受尊敬，

也讓他的影響力延續至今。

另一個經典的例子是曾擔任美國總統的巴拉克・歐巴馬（Barack Obama）。在他的政治生涯中，他善於傾聽、鼓勵並支持年輕一代，培養出許多優秀的政治人物。這種培養後輩的態度，不僅讓他在政壇建立起強大的人脈網絡，也確保了他的政策理念能夠持續影響社會。

因此，在職場上，當你遇到比自己資歷淺的人，若能夠主動提供指導與協助，不僅能夠幫助對方成長，也能在不知不覺間累積自己的人脈資本。這種雙贏的策略，長期下來往往能讓你在關鍵時刻獲得意想不到的回報。

在職場中，成長並非單靠個人努力，而是需要綜合運用多種資源，包括專業能力、人際關係、貴人相助，甚至是透過幫助他人來促進自己的發展。學會尋找並利用「梯子」，不僅能讓自己更快達到目標，也能夠在職涯發展的過程中，讓機會源源不絕。

正如美國哲學家拉爾夫・沃爾多・愛默生（Ralph Waldo Emerson）所說：「我們所獲得的回報，通常來自於我們所付出的努力。」當你願意成為別人的梯子，幫助他人向上爬時，往往也能因此發現自己的世界變得更寬廣、更具機會。因此，別只顧著尋找梯子，不妨試著成為梯子，因為真正的成功往往來自於對他人的幫助與啟發。

## 第十章　善用人脈

### 職場的應酬藝術

在職場中，與同事的互動與應酬往往影響著個人的職業發展。除了工作能力和態度之外，能否與同事保持良好的關係、融入團隊氛圍，往往成為影響升遷與職場發展的重要因素。然而，應酬並非單純的迎合或交際，而是一門需要智慧與分寸的藝術。

人際關係大師戴爾・卡內基（Dale Carnegie）曾說：「成功的85%取決於人際關係，只有15%來自專業技術。」這句話強調了職場人際互動的重要性，但這並不代表專業能力可以被忽略，而是強調應酬技巧能夠為專業能力加分，使職場發展更加順利。

許多人在職場上會遇到這樣的困擾：應該與同事保持多近的距離？太疏遠會被認為不合群，太親密又可能讓人覺得有小圈子，甚至引起不必要的競爭與猜忌。因此，職場人際關係的關鍵在於「適度親近，保持專業」。

在美國矽谷的科技產業中，Google 與 Meta 等企業強調「開放辦公文化」，但仍保持專業界限。例如，員工之間會參與公司舉辦的社交活動，如啤酒時光（Beer Friday）、團隊建設日（Team Building Day），藉此促進團隊合作。然而，這些

應酬並非無限制的社交，而是強調在輕鬆環境下建立互信，同時仍維持工作專業，避免私人關係影響決策。

職場上的應酬應該具備一定的目的性，例如：

## 1. 建立信任感

適當的交流可以讓同事對你產生信任，合作起來更加順利。

## 2. 了解組織文化

參與社交活動有助於掌握組織的氛圍與運作方式，進而適應環境。

## 3. 拓展職場資源

透過應酬，建立更廣泛的人脈，未來可能帶來更多機會。

然而，應酬的方式需要講究技巧，避免以下幾種極端情況：

## 1. 過度熱絡

如果與同事過於親密，可能會被誤解為刻意討好，甚至引起上級的警戒。

## 第十章　善用人脈

### 2. 過於疏離

若完全不參與社交,則可能導致被邊緣化,影響團隊合作與晉升機會。

### 3. 過於高調

如同美國某些企業的案例,過於炫耀自己的人脈或成就,容易引起反感與嫉妒。

知名企業領袖如特斯拉執行長馬斯克與亞馬遜(Amazon)創辦人貝佐斯(Jeff Bezos)雖然以創新與決策力著稱,但在企業發展初期,他們同樣需要透過適當的社交技巧來建立關鍵人脈,獲取投資人的信任,推動公司發展。

某知名科技業高層曾分享自己的職場經驗。他提到,剛進入公司時,雖然專業能力強,但因為過於專注於工作,忽略了與同事的互動,導致難以融入團隊。後來,他開始學習適當參與公司聚餐與活動,並在茶水間與同事聊聊產業趨勢,結果不僅改善了人際關係,也讓自己在團隊內的影響力逐漸提升,最終獲得升遷機會。

在職場應酬時,除了學會融入團隊,也要注意以下情形:

## 1. 不談論敏感話題

政治、宗教、薪資等話題容易引發爭議,應該避免。

## 2. 不過度批評

在聊天時,過度批評公司政策或上司可能會影響個人形象。

## 3. 不利用應酬獲取私利

過度依賴人脈而非實力,可能會影響職場發展的長遠性。

最理想的職場應酬方式,是採取「君子之交淡如水」的策略,即保持適當距離,既能建立信任,也不會影響專業形象。

成功的職場應酬並不代表刻意迎合或強行社交,而是講求「平衡」與「策略」。透過適當的互動與人際關係經營,我們可以在專業發展的同時,獲得更多機會,避免因為忽略人際關係而陷入職場瓶頸。

如同彼得‧杜拉克所言:「人際關係不是取代專業能力,而是放大專業能力的槓桿。」在競爭激烈的職場環境中,懂得如何巧妙應對社交場合,才能在專業領域發光發熱,確保自己的職涯發展順利而穩健。

## 第十章　善用人脈

### 尊重不同的建議及價值觀

在職場中,各個世代的人對於工作、生活及成功的看法皆有所不同,因此,學會尊重彼此的價值觀,並有效吸收他人的建議,將成為個人成長的重要基礎。哈佛大學心理學教授霍華德‧加德納(Howard Gardner)曾提出多元智慧理論,指出個體的學習方式和思考模式各異,而這種多樣性在職場中的體現,便是不同世代的職員對待工作的態度與價值取向。

當企業內部由不同年齡層的專業人士共同組成時,年長的員工通常擁有豐富的經驗,強調穩定與回報,而較年輕的一代則較為強調彈性與個人發展。這樣的世代差異,若能透過有效溝通與尊重彼此的見解,便能促進團隊合作,提升整體工作效率。

許多人在工作初期,往往容易固守己見,認為自己的方法才是最佳解法。然而,真正能在職場中脫穎而出的人,往往是那些懂得聆聽與尊重不同觀點的人。

張安是一名剛進入科技產業的行銷人員,初期他對自己的市場策略充滿自信,並未充分考慮資深同事的建議。當他推出第一個市場行銷計畫時,由於未能預測市場的實際需

求,導致產品銷售不如預期。他的主管並未直接批評,而是邀請他重新檢視數據,並向團隊中有經驗的前輩請教。在重新調整策略後,張安學會了在決策過程中尊重團隊意見,使之成為自己決策的重要依據,最終成功讓產品銷售回暖。

這說明,尊重建議不代表放棄自己的觀點,而是學習透過不同角度來完善決策,使其更加符合市場或企業的需求。

當面對批評或建議時,最重要的是學會換位思考。心理學家丹尼爾‧戈曼(Daniel Goleman)在其情緒智商(Emotional Intelligence, EI)研究中強調,高情商的人能夠站在他人立場思考,這對於職場發展至關重要。

服裝設計師林昕在職場初期,經常因為對自己的設計過於執著,而忽視客戶的需求。某次,她將一款高端訂製服推向市場,然而,客戶卻認為設計過於複雜,缺乏實用性。後來,她學會在設計過程中邀請客戶參與,將他們的需求納入設計考量,結果新推出的服飾銷量大幅提升。這正是因為她願意傾聽不同的聲音,並從他人的角度出發,讓自己的作品更符合市場需求。

職場中,尊重建議不僅適用於個人發展,對於領導者而言,更是提升團隊凝聚力的重要策略。彼得‧杜拉克曾指出:「最有效的管理者,不是發號施令的人,而是善於傾聽並激勵團隊前進的人。」

## 第十章　善用人脈

金宇是一家新創企業的業務主管,他發現部門員工的工作積極性不高,業績未能達標。他決定召開一場會議,詢問員工對於公司的期待與想法。他將員工的建議記錄下來,並表示願意在合理範圍內調整管理方式,例如提供更彈性的工作時間及獎勵制度。結果,員工的參與感與歸屬感提升,團隊士氣大增,業績也隨之提高。

這說明,一位好的領導者應該具備尊重建議的能力,並懂得如何將團隊的集體智慧轉化為實際行動,從而提升企業的競爭力。

為了讓自己在職場中更具優勢,以下是幾個尊重與運用建議的實用技巧:

### 1. 保持開放心態

即便建議與自己原本的想法有所不同,也應該耐心傾聽,避免先入為主的批判。

### 2. 理性分析建議內容

不是所有建議都適合立即採納,應該從不同角度評估其可行性與實際價值。

## 3. 與建議提供者討論

如果對於某個建議有疑問,可以透過對話進一步釐清,讓對方解釋其想法,避免誤解。

## 4. 將建議轉化為行動

最終,尊重建議的目的,是為了提升工作效能,因此,應該有計畫地將適當的建議落實於行動中。

尊重別人的建議並非盲從,而是智慧的展現。透過傾聽、分析與運用不同觀點,我們能夠更快適應變化,提升決策品質,避免職場瓶頸。無論是個人發展還是團隊管理,學會尊重與運用建議,將成為我們在職場中成長的重要關鍵。正如美國前總統亞伯拉罕・林肯(Abraham Lincoln)所說:「我不喜歡那個人,所以我要更深入了解他。」學習接受與自己不同的意見,才能讓自己在競爭激烈的職場環境中立於不敗之地。

# 第十章　善用人脈

## 寬容的智慧

寬容並非盲目退讓,而是展現成熟與智慧的方式。在職場上,每個人都可能犯錯、遭遇挫折,甚至面臨尷尬的時刻。如果能在關鍵時刻給予他人一個台階,不僅能緩和局勢,更能建立深厚的人際關係。戴爾‧卡內基(Dale Carnegie)曾指出:「在人際關係中,最重要的能力之一,就是讓對方保留尊嚴。」這種做法能為你贏得信任,並提升你的影響力。

在競爭激烈的環境中,許多人將同事視為對手,甚至為了個人利益而故意挑剔對方的失誤。然而,真正聰明的人不會採取這種短視的做法,而是懂得透過合作來共同成長。

陳翔與王珮蓉是同一批進入科技公司的新人,兩人職位相同,難免會被比較。然而,他們並未陷入惡性競爭,而是選擇互相幫助。有一次,王珮蓉在會議上不小心報錯數據,眼看主管臉色不悅,陳昱翔立刻補充:「這部分的數據我們有進一步分析,或許可以參考另一組資料來做修正。」這句話不僅緩解了尷尬,也讓主管認為兩人合作無間,願意給予更多重要任務。

這說明，職場競爭並非零和遊戲，能夠幫助同事度過難關，反而能讓自己在團隊中樹立可靠的形象，並在關鍵時刻獲得更多支持。

真正優秀的領導者懂得如何在員工犯錯時給予台階，既維護公司的專業形象，又保留員工的自尊。這樣的做法，不僅能促進團隊士氣，也能讓員工更願意為公司努力。

美國前總統林肯以寬容著稱，他在處理內戰時，並未一味懲罰犯錯的將領，而是給予改正的機會。這種領導風格讓他的團隊更加團結，最終成功帶領國家走向統一。

在企業界，Apple創辦人史蒂夫．賈伯斯曾在一次產品發表會上，當場發現員工的簡報出錯。他並未當眾責備，而是微笑著說：「這是一個好機會，讓我們重新思考這個設計。」他的反應不僅避免員工難堪，也讓現場氛圍更具建設性。

這些例子說明，當領導者能夠幫助員工找到台階，就能促進組織的長遠發展，並且贏得團隊的忠誠與尊重。

有些人認為寬容是示弱，事實上，這是一種高度的智慧。心理學家丹尼爾．戈曼（Daniel Goleman）在其情緒智商研究中指出，高情商者懂得如何控制自己的情緒，並透過同理心來維持良好關係。這不僅有助於個人發展，也能開創更多機會。

## 第十章　善用人脈

曾有一名業務員在出差時不慎遺失公司文件，回到公司後，他內心忐忑地向總經理報告。令他驚訝的是，總經理不僅沒有責備，反而笑著說：「這或許是一個好機會，讓我們重新檢視文件管理流程，確保未來不再發生類似問題。」這樣的反應讓業務員深受感動，從此更加努力工作，最終成為公司最頂尖的業務員之一。

## 如何實踐職場中的寬容

**1. 在衝突時保持冷靜**

當對方犯錯或情緒激動時，先深呼吸，避免立即反擊，而是給對方機會說明。

**2. 用具有建設性的語言化解尷尬**

例如，在會議上若同事答錯問題，可補充說：「這部分我們或許可以進一步討論，看看有沒有更完整的數據。」

**3. 避免當眾責備**

如果同事犯錯，應該私下提醒，而非在眾人面前指責，以免影響對方的尊嚴。

**4. 主動提供幫助**

當發現同事陷入困境時，提供可行的建議或支援，而非冷眼旁觀。

在職場上,寬容並非軟弱,而是一種高層次的溝通技巧。主動給人找台階,不僅能幫助他人,也能提升自己的職場形象,並創造更多合作機會。正如一句老話:「贈人玫瑰,手有餘香。」當我們學會寬容,人生的道路也會變得更加順遂。

## 第十章　善用人脈

### 打造職場戰友

在職場中,能夠察覺並適應潛規則,對於職涯發展至關重要。優秀的職場人際關係管理者,懂得如何快速掌握資訊,適時調整自身角色,與不同類型的同事和諧相處,這不僅能讓工作更順利,也能為未來的晉升鋪路。

然而,除了努力工作的同事值得尊敬,有些看似遊手好閒或不積極的人,其實也可能在關鍵時刻發揮重要作用。因此,聰明的職場人不會輕易得罪任何人,而是學會將同事發展成戰友,共同打造有利的職場生態。

在職場中,我們經常會面對合作與競爭並存的關係。有時候,看似對自己無關緊要的同事,可能在某個關鍵時刻影響你的職涯發展。美國管理學者約翰・科特(John Kotter)曾提到:「成功的職場人,不是單打獨鬥,而是善於建立有影響力的關係網絡。」

林怡君在一家科技公司擔任行銷專員,剛進入職場時,她總是全力以赴,努力完成各項專案。然而,她發現有些資深同事看似對工作不太積極,甚至有時候還會在會議上提出一些挑戰性的意見,讓她覺得難以相處。

有一次,公司內部進行產品發表會準備,怡君被指派負

責行銷內容，但因為缺乏相關經驗，進度嚴重落後。這時，她原本認為「消極」的同事陳建和主動給了她幾個建議，甚至幫她聯絡了之前負責類似專案的同仁，提供了完整的報告模板。透過這次合作，怡君才意識到，這些「看似不積極」的同事，其實是擁有深厚經驗的人脈資源，並在關鍵時刻提供不可或缺的幫助。

職場不只是單打獨鬥的競技場，更是一個需要策略性合作的環境。

很多職場人會因為與同事關係過於親近或過於疏遠，而陷入困境。例如，與同事之間的借貸關係，往往容易導致不必要的誤解與衝突。

王美玲在廣告公司擔任設計師，某次因急需資金，她向同事張雅借了一筆錢。然而，由於還款時間拖延，導致張雅在團隊間開始對她有所保留。一次會議上，美玲無意間聽到其他同事討論此事，並認為她「明明穿名牌卻還不還錢」，這讓她感到非常難堪。最終，她選擇趕緊向張雅清償，並決定以後不再與同事發生金錢上的往來，以免影響職場關係。

財務往來容易影響人際關係，在職場中應該盡量避免向同事借錢，以保持專業與信任感。

張軒與李珊珊是大學好友，畢業後，張軒熱心推薦珊珊進入自己的公司，原以為能成為職場夥伴，沒想到最終友情破裂。

## 第十章　善用人脈

珊珊進入公司後，負責財務報表管理，有一次月度報表截止日，張軒因為工作繁忙，無法及時提交報表，請珊珊幫忙延後處理。但珊珊認為這樣做不符合公司規定，堅持如實向主管報告，結果導致張軒被記過，並扣除當月績效獎金。

此事讓兩人關係徹底決裂，曾經的好友變得形同陌路。在職場中，公私界線需要明確，才能避免不必要的衝突與誤解。

## 如何打造職場戰友

### 一、主動結交不同類型的夥伴

#### 1. 了解不同部門的需求

不僅與同事保持良好關係，也應該與其他部門的關鍵人物建立聯繫，這樣當你需要跨部門合作時，能夠更順利推進工作。

#### 2. 關心同事的需求

有時候，一個小小的幫助或建議，能夠讓對方記住你的善意，進而在未來提供支援。

## 二、尊重職場潛規則

**1. 避免過於高調批評他人**

有些看似不努力的同事,可能在公司內部有無形的影響力,過度批評或對立,可能會為自己帶來不必要的麻煩。

**2. 學會察言觀色**

不同公司有不同的職場文化,能夠適時調整自己的行為,才能更快融入環境。

## 三、掌握適當的距離

**1. 不要過度親近,也不要疏遠**

與同事相處,應該保持適當的距離,過於親近容易影響專業形象,而過於疏遠則可能導致資訊不對稱,錯失機會。

**2. 建立互利關係**

透過合作與互助,讓彼此成為戰友,而非單純的競爭對手。

## 四、職場溝通的智慧

**1. 掌握幽默感**

適時的幽默能夠緩解緊張氣氛,讓人際關係更和諧。

## 2. 尊重不同觀點

職場中不可能所有人都與你持相同看法，學會傾聽並尊重不同意見，才能讓合作更順利。

### 五、保持平常心

## 1. 不要因一時的不順利而影響心態

職場中的困難與挑戰是常態，保持穩定的心態，才能在長期競爭中勝出。

## 2. 學會等待時機

當前環境可能不利於自己，但透過持續努力與經營人際關係，未來總會出現機會。

在職場中，將同事發展成戰友，是一種智慧的選擇。無論是合作還是競爭，都應該建立在相互尊重與理解的基礎上。透過良好的溝通、適當的距離，以及團隊合作的精神，我們能夠打造一個互惠互利的職場環境，讓自己在職場道路上走得更遠、更穩。

## 突破職場冷暴力困境

在競爭激烈的職場環境中，人際關係時常緊張，有些人甚至會遭遇「冷暴力」。這種情況不只是來自上司的邊緣化，也可能來自同事的漠視、孤立，甚至惡意忽視你的專業能力。心理學研究指出，人際關係的互動模式與個人的包容度密切相關，當一個人缺乏包容，容易排斥、迴避或疏遠他人，而當這樣的態度成為群體行為，就會對特定個體造成無形壓力。

林慧在某科技公司擔任行銷企劃，原本是主管器重的員工，負責許多重要專案，職場表現亮眼。然而，在一次年度策略會議中，林慧和主管意見相左，雙方在會議上發生激烈爭執。會後，林慧試圖向主管溝通，但對方不僅避而不見，甚至開始將她排除在重要專案之外。漸漸地，她發現自己的意見不再被重視，原本負責的工作被交給其他同事，甚至連公司內部會議都不再通知她。

林慧陷入極大的焦慮與壓力，開始出現失眠，甚至影響身心健康。她發現，同事們與她的互動變少，有些人甚至刻意忽視她的存在，讓她產生被孤立的感受。

這種情況在職場中並不少見，被主管或團隊邊緣化的結

## 第十章　善用人脈

果,可能導致自信心降低、職業發展受阻,甚至影響身心健康。那麼,面對職場冷暴力,我們該如何突圍?

## 破解職場冷暴力的策略

### 1. 認清事實,避免內耗

當遭遇冷暴力時,首先要意識到這不一定是針對個人,而可能是因為職場環境、主管管理風格或團隊文化所造成。不要過度內耗,把所有責任都歸咎於自己。試著以客觀的角度評估現狀,確認是單一事件引發的孤立,還是長期累積的問題。

例如,林慧若能在會議後,迅速釐清主管的態度,並以適當的方式表達自己的立場,可能能減少誤解的累積。

### 2. 重新定位角色,創造價值

如果發現自己被邊緣化,要主動尋找新的機會,讓自己再次被看見。可以透過以下方式重建職場價值:

主動承擔有挑戰性的專案,展現自己的實力與專業。

跨部門合作,與其他團隊建立良好互動,增加自己的影響力。

強化個人品牌,例如在內部會議或公司論壇上發表專業見解,讓主管與同事重新認知你的價值。

林慧若能在主管冷落她時，主動參與公司內部的創新專案，或尋求其他高層的認可，或許能打破現有的困境。

### 3. 避免過度揣測主管與同事的意圖

許多人在遭受冷暴力時，會陷入「主管是不是討厭我？」、「同事們是不是在排擠我？」的焦慮中。但事實上，許多冷漠行為並非出於惡意，而可能是無心之舉或管理風格使然。因此，與其猜測主管的想法，不如主動溝通，找機會與主管討論工作現況，了解是否有可改進的地方。

如果主管的態度仍然冷淡，那麼可以考慮調整策略，例如向公司內部其他管理層或導師尋求建議，甚至評估是否需要轉換跑道。

### 4. 透過職場社交破冰

若同事間的冷暴力來源於內部派系、團體分裂，那麼可以透過更積極的社交行動來緩解。例如：

參與公司內部的活動（如運動賽事、社團活動），建立新的關係；

主動關心同事，在適當時機提供協助，讓同事重新建立對你的正面印象；

展現專業能力，讓團隊成員理解你是有價值的夥伴，而非競爭對手。

## 第十章　善用人脈

### 5. 為自己培養情緒免疫力

職場環境變化多端，情緒管理能力是成功的關鍵。培養穩定的心態，能幫助你更快從負面情緒中恢復。具體做法包括：

保持運動習慣，透過身體活動釋放壓力；

培養興趣嗜好，轉移對職場負面情緒的專注；

與值得信賴的朋友或導師交流，獲得心理支持，避免陷入自我懷疑；

面對職場冷暴力，選擇逃避或消極忍受，並不是最佳策略。主動調整自己的應對方式，才能真正突圍。

陳韋庭原本是某金融公司的資深專員，卻因為一次專案失誤，被主管冷落，甚至差點影響升遷。面對這樣的狀況，他並沒有選擇抱怨或消極，而是：

### 1. 尋求回饋

主動與主管討論改善方案，並展現學習與成長的決心。

### 2. 加強專業能力

參與外部進修課程，提升自己的專業競爭力。

### 3. 建立內部影響力

與其他部門合作，讓自己的價值被更多人看見。

最終，他成功贏回主管的信任，甚至在一年內獲得升遷機會。

張瑤剛進入一家設計公司時，由於個性內向，經常被同事忽視，甚至在會議上被排擠。為了改變現狀，她採取了以下行動：

主動參與公司活動，例如午間健身社團，藉此與不同部門的同事建立聯繫；

提供專業協助，在專案中積極幫助其他同事，讓團隊成員重新認知她的價值；

保持正向心態，即使面對冷淡對待，也不放棄與同事建立良好互動；

透過這些努力，張瑤逐漸從「被孤立者」轉變成團隊的重要成員。

職場冷暴力的本質，是人際互動的障礙。當你發現自己被邊緣化，千萬不要沉溺於負面情緒，而應該：

(1) 主動出擊，尋求機會
(2) 重新塑造職場價值
(3) 改善溝通，避免內耗
(4) 擴大社交圈，爭取影響力
(5) 培養情緒韌性，讓自己更強大

最終，冷暴力只會成為你的成長歷練，而你將會用行動證明自己的價值，在職場中站穩腳步。

國家圖書館出版品預行編目資料

職場，你的主場！識破辦公室潛規則，學會精準選擇、談薪晉升，掌握核心競爭力，打造不被取代的職涯優勢 / 程航 著 .-- 第一版 .-- 臺北市：財經錢線文化事業有限公司, 2025.04
面； 公分
POD 版
ISBN 978-626-408-219-8( 平裝 )
1.CST: 職場成功法
494.35　　　　　　114003845

電子書購買

爽讀 APP

職場，你的主場！識破辦公室潛規則，學會精準選擇、談薪晉升，掌握核心競爭力，打造不被取代的職涯優勢

臉書

作　　者：程航
發 行 人：黃振庭
出 版 者：財經錢線文化事業有限公司
發 行 者：崧燁文化事業有限公司
E - m a i l：sonbookservice@gmail.com
粉 絲 頁：https://www.facebook.com/sonbookss/
網　　址：https://sonbook.net/
地　　址：台北市中正區重慶南路一段 61 號 8 樓
8F., No.61, Sec. 1, Chongqing S. Rd., Zhongzheng Dist., Taipei City 100, Taiwan
電　　話：(02) 2370-3310　傳真：(02) 2388-1990
印　　刷：京峯數位服務有限公司
律師顧問：廣華律師事務所 張珮琦律師

-版權聲明-
本書作者使用 AI 協作，若有其他相關權利及授權需求請與本公司聯繫。
未經書面許可，不得複製、發行。

定　　價：375 元
發行日期：2025 年 04 月第一版
◎本書以 POD 印製